essentials

Essentials liefern aktuelles Wissen in konzentrierter Form. Die Essenz dessen, worauf es als „State-of-the-Art" in der gegenwärtigen Fachdiskussion oder in der Praxis ankommt. *Essentials* informieren schnell, unkompliziert und verständlich

- als Einführung in ein aktuelles Thema aus Ihrem Fachgebiet
- als Einstieg in ein für Sie noch unbekanntes Themenfeld
- als Einblick, um zum Thema mitreden zu können

Die Bücher in elektronischer und gedruckter Form bringen das Fachwissen von Springerautor*innen kompakt zur Darstellung. Sie sind besonders für die Nutzung als eBook auf Tablet-PCs, eBook-Readern und Smartphones geeignet. *Essentials* sind Wissensbausteine aus den Wirtschafts-, Sozial- und Geisteswissenschaften, aus Technik und Naturwissenschaften sowie aus Medizin, Psychologie und Gesundheitsberufen. Von renommierten Autor*innen aller Springer-Verlagsmarken.

Sandra Huning • Hannah Müller

Die Caring City

Ein transformatives Leitbild für die Stadtplanung?

Sandra Huning
Fakultät Raumplanung
Technische Universität Dortmund
Dortmund, Deutschland

Hannah Müller
Fakultät Architektur und Urbanistik
Bauhaus-Universität Weimar
Weimar, Deutschland

ISSN 2197-6708 ISSN 2197-6716 (electronic)
essentials
ISBN 978-3-658-51491-4 ISBN 978-3-658-51492-1 (eBook)
https://doi.org/10.1007/978-3-658-51492-1

Die Deutsche Nationalbibliothek verzeichnet diese Publikation in der Deutschen Nationalbibliografie; detaillierte bibliografische Daten sind im Internet über https://portal.dnb.de abrufbar.

Springer Vieweg ist ein Imprint der eingetragenen Gesellschaft Springer Fachmedien Wiesbaden GmbH und ist ein Teil von Springer Nature.
Die Anschrift der Gesellschaft ist: Abraham-Lincoln-Str. 46, 65189 Wiesbaden, Germany

Was Sie in diesem *essential* finden können

- Eine Darstellung der Care-Krise und ihrer stadträumlichen Dimensionen
- Beispiele für die Umsetzung von Caring Cities in ausgewählten Städten
- Konzepte für Caring Cities in Architektur und Stadtplanung
- Vorschläge für ein Weiterdenken von Caring Cities für Stadtplanung und Stadtentwicklung

Vorwort

Vorarbeiten für dieses Buch – insbesondere für das Kap. 3 – entstanden im Rahmen des Projektes „Das Konzept der Caring City. Ein Ansatz für eine gerechtere und nachhaltigere Stadt?“, das wir mit einer Förderung des vhw – Bundesverband für Wohnen und Stadtentwicklung e. V., Berlin, von Dezember 2023 bis September 2024 an der Bauhaus-Universität Weimar bearbeiten konnten. Wir danken Nina Böcker und Lars Wiesemann, unseren Ansprechpartner*innen beim vhw, für die Initiative und die Unterstützung, ebenso wie zahlreichen Expert*innen, die unsere Forschung mit ihrem Fach- und Erfahrungswissen bereichert haben. Die Ergebnisse des Forschungsprojektes finden sich *Open Access* in der IfEU.Open-Schriftenreihe des Instituts für Europäische Urbanistik an der Bauhaus-Universität Weimar (https://doi.org/10.25643/dbt.68371).

Wir bauen in diesem Buch auf den Erkenntnissen vieler feministischer Stadtforscher*innen, Stadtplaner*innen und Architekt*innen auf, die sich schon lange vor uns mit den räumlichen Dimensionen von Care beschäftigt haben – sei es an Hochschulen, in der Planungspraxis oder in Verbänden wie der FOPA (Feministische Organisation von Planerinnen und Architektinnen). Wir können in dieser Einführung nicht alle relevanten Namen und Werke zitieren, doch sind wir uns sehr bewusst, dass es ohne ihre Vorarbeit unmöglich gewesen wäre, dieses Buch zu schreiben.

Bei dem Buch handelt es sich um ein Gemeinschaftswerk: Die Entwürfe für die Kap. 1, 2, 4, 5 und 6 erstellte Sandra Huning, den Entwurf für Kap. 3 Hannah Müller. Wir danken Şeyma Özçelik für die Recherche einiger Hintergrundinformationen. Die Endredaktion übernahmen die beiden Autorinnen gemeinsam. Über Rückmeldungen und Anregungen freuen wir uns.

Dortmund Deutschland Sandra Huning
Weimar Deutschland Hannah Müller

Interessenkonflikt Die Autor*innen haben keine relevanten Interessenskonflikte im Zusammenhang mit dieser Publikation.

Inhaltsverzeichnis

Angaben zu den Autorinnen

PD Dr.-Ing. Sandra Huning, Technische Universität Dortmund, Fakultät Raumplanung, August-Schmidt-Str. 10, 44227 Dortmund, E-Mail: sandra.huning@tu-dortmund.de (Webseite: https://soz.raumplanung.tu-dortmund.de/team/mitarbeiterinnen/huning/)

Hannah Müller, M.A., Bauhaus-Universität Weimar, Fakultät Architektur und Urbanistik, Graduiertenkolleg Gewohnter Wandel, Geschwister-Scholl-Straße 8, 99423 Weimar, E-Mail: hannah.mueller@uni-weimar.de (Webseite: https://gewohnter-wandel.de/person/hannah-mueller/)

Einleitung

1

Das Thema Care geht uns alle an. Wir sorgen für uns selbst und für andere, und wir werden umsorgt. Care ist alltäglicher Bestandteil sozialer Beziehungen. Dieser Stellenwert spiegelt sich bislang allerdings gesellschaftspolitisch nicht wider. Dass es eine „Care-Krise" (Dowling, 2021) gibt, ist zwar unumstritten. Konsequente Lösungen fehlen aber noch. Darauf, dass auch die Stadtplanung bei dem Thema eine zentrale Rolle spielt, weisen feministische Stadtplaner*innen und Architekt*innen bereits seit Jahrzehnten hin. Dennoch hat Care in Stadtplanung und Stadtentwicklung bislang kaum systematische Beachtung gefunden.

Stadtplanung ist ein Politikfeld, das für die Bearbeitung vieler aktueller Transformationsaufgaben eine zentrale Rolle spielt. Stadtplaner*innen ordnen und gestalten die räumliche Entwicklung auf kommunaler Ebene. Dabei vermitteln sie zwischen unterschiedlichen Interessen, Akteuren und Steuerungsebenen (Huning, 2024). Ihre Aufgaben werden seit Jahrzehnten immer komplexer, weil Mega-Trends wie z. B. der globale Umwelt- und Klimawandel oder auch die Digitalisierung es erforderlich machen, Aufgaben immer wieder neu zu definieren und für deren Lösung neue Denkweisen zu entwickeln. Im Zusammenspiel mit gesellschaftspolitischen Diskussionen und wissenschaftlichen Erkenntnissen entstehen deshalb immer neue Leitbilder und Stadtkonzepte (Rink & Haase, 2018; Zupan, 2018). Ein vergleichsweise junges Label, das sich als neues Stadtkonzept etablieren könnte, ist die Caring City. Sie steht im Zentrum dieses Buches.

Das Label Caring Cities bezeichnet Städte, die die zentrale Bedeutung von Care für den Alltag aller Bewohner*innen explizit anerkennen und diese Erkenntnis systematisch in Politik und Planung überführen. Seit etwa einem Jahrzehnt haben sich mehrere Städte weltweit dieses Label zu eigen gemacht. Stadtforscher*innen haben gleichzeitig konzeptionell darüber nachzudenken begonnen, was eine Caring

S. Huning, H. Müller, *Die Caring City*, essentials,
https://doi.org/10.1007/978-3-658-51492-1_1

City ausmacht und wie der Weg dorthin gestaltet werden könnte. In diesem Buch fragen wir, welche neuen Perspektiven sich daraus für die Stadtplanung ableiten lassen.

In Deutschland steht die Diskussion über Caring Cities im Vergleich zum spanisch- oder englischsprachigen Raum noch relativ am Anfang und wurde nur von wenigen Autorinnen vorangetrieben (vor allem Fried & Wischnewski, 2022, 2023, 2024a, b). Es gibt zahlreiche Veröffentlichungen, Initiativen und Projekte, die sich mit den räumlichen Dimensionen von Care beschäftigen, ohne sich begrifflich auf die Caring City zu beziehen (Kap. 4). Die Aufmerksamkeit für das Thema Care nimmt jedoch auch in hiesigen Stadt- und Planungsdiskursen zu, wie z. B. die im März 2025 veröffentlichten **Leitlinien für eine faire, inklusive und sorgende Stadt** des damaligen Bundesministeriums für Wohnen, Stadtentwicklung und Bauwesen zeigen.

Leitlinien für eine faire, inklusive und sorgende Stadt

Die **Leitlinien für eine faire, inklusive und sorgende Stadt** (Bundesministerium für Wohnen, Stadtentwicklung und Bauwesen, 2025) entstanden im Kontext der Nationalen Stadtentwicklungspolitik. Mit dem Ziel sozialer Gerechtigkeit, ökologischer Nachhaltigkeit und Teilhabe sollen Städte so gestaltet werden, dass alle Menschen unabhängig von Herkunft, Geschlecht, Alter oder Einkommen gleiche Chancen auf ein gutes Leben haben.

In den Leitlinien geht es u. a. um Care- und Sorgegerechtigkeit: Stadtentwicklung soll Räume fördern, die Care ermöglichen, etwa durch wohnortnahe Pflege-, Gesundheits- und Bildungsangebote sowie sichere öffentliche Orte. Care wird hier als gemeinschaftliche Aufgabe verstanden: Nachbarschaften sollen gestärkt werden, um gegenseitige Unterstützung der Bewohner*innen zu erleichtern. Die Leitlinien fordern eine Planungskultur, die Care-Arbeit sichtbar macht und infrastrukturell absichert – von barrierefreien Wegen bis hin zu Orten des sozialen Austauschs.

Alle Menschen sind im Laufe ihres Lebens auf Care angewiesen. Doch was ist eigentlich Care? Care lässt sich mit den Begriffen Sorge, Pflege, Vor- oder Fürsorge ins Deutsche übersetzen. Die Begriffsverwendung ist jedoch nicht einheitlich. Vielmehr gibt es mehrere Lesarten, die wir hier – notwendigerweise verkürzt – in drei Varianten unterteilen:

- Erstens bezieht sich der Begriff Care-Arbeit auf konkrete bezahlte und unbezahlte Tätigkeiten im Haushalt, in der Betreuung und in der Pflege, die der körperlichen, sozialen, emotionalen oder kognitiven Reproduktion von Menschen dienen (Zibell, 2022). Dazu gehört auch Self-Care (Selbstfürsorge) als körperliches, mentales und emotionales Grundbedürfnis (Dowling, 2021, S. 167–190). Care-Arbeit findet auch in Bildungs-, Betreuungs-, Kultur- und

Gesundheitseinrichtungen statt, die dem Erhalt und Funktionieren gesellschaftlicher Systeme dienen; dieser Bereich wird als soziale Reproduktion bezeichnet.

- Zweitens bezeichnet Care eine ethische Haltung, die Menschen nicht als unabhängige Individuen betrachtet, die im Sinne des „homo oeconomicus“ zweckrationale Entscheidungen für den größtmöglichen eigenen Nutzen treffen. Stattdessen werden Menschen als sozial eingebundene, wechselseitig vernetzte und füreinander sorgende Wesen verstanden (Gabauer et al., 2022a) – als „homines curans“ (Tronto, 2017, S. 28). Care meint dann eine Haltung emotionaler Verbundenheit, gegenseitiger Verantwortung und Fürsorge.
- Drittens sind mit Care – in Anlehnung an eine berühmte Definition von Tronto und Fisher 1990, S. 40 – auch solche Aktivitäten gemeint, die der Erhaltung, Entwicklung und Reparatur der gemeinsamen Welt, der Gemeinschaft und der Umwelt dienen (Fitz & Krasny, 2019a). Dazu gehören Körper, das Selbst und die Umwelt, die miteinander in einem lebenserhalten System verbunden sind (Tronto & Fisher, 1990, S. 40). Care-Aktivitäten in diesem weiten Verständnis sorgen für alle Lebewesen auf der Erde und für den Planeten insgesamt.

Stadtplanung als Care zu denken, bedeutet also nicht nur, stadträumliche Bedingungen für Care-Arbeit im engeren Sinne zu verbessern. Dies ist eine zentrale Aufgabe. Es bedeutet darüber hinaus aber auch, Städte im Sinne der anderen beiden Lesarten von Care als Orte sozialer Beziehungen zu denken, wo Menschen miteinander und mit anderen Lebewesen verbunden sind, sich umeinander kümmern und konkrete Beiträge zum Schutz der Erde leisten.

In der Vergangenheit waren es vor allem die Frauenbewegungen, die sich mit der Rolle von Care in Architektur und Stadtplanung beschäftigt haben. Der Fokus lag dabei oft auf Care-Arbeit als zentralem Einflussfaktor für die Stabilisierung – und damit theoretisch auch: Überwindung – ungleicher gesellschaftlicher Geschlechterverhältnisse. Care-Arbeit gilt bis heute als „Privatsache“, die für Stadtplaner*innen höchstens mit Bezug zur Planung sozialer Infrastrukturen – z. B. Schulen oder Krankenhäuser – relevant ist. Heutige Städte bringen in Stadtstruktur und Stadtgestalt diese fehlende Priorisierung deutlich zum Ausdruck. Dass Stadtplanung tatsächlich einen Einfluss darauf hat (und damit auch Verantwortung dafür trägt), wie Care-Arbeit gesellschaftlich organisiert wird, und dass Care auch eine planerische Haltung widerspiegelt, ist erst seit kurzem in Fachdiskussionen ein Thema.

Auch in Städten, die als Caring Cities bezeichnet werden, liegt der Fokus bislang vornehmlich auf Care-Arbeit (im Sinne der ersten Lesart). Sie entstanden vor allem aus dem politischen Bewusstsein heraus, dass Care-Arbeit die ökonomische, politische und soziale Teilhabe derjenigen, die sie verrichten, unter den aktuellen Bedingungen maßgeblich behindert. Davon sind weltweit insbesondere **Frauen** betroffen (Apitzsch & Schmidbaur, 2010). Entsprechend geht es den Protagonist*innen der Caring Cities ganz wesentlich darum, diese Bedingungen zu verändern, um soziale Ungleichheiten zwischen den Geschlechtern abzubauen und Teilhabechancen für Care-Leistende zu verbessern.

Gesellschaftliche Konstruktion von Zweigeschlechtlichkeit

Zweigeschlechtlichkeit ist eine gesellschaftliche Konstruktion (Gildemeister, 2001), die Menschen einen Platz in der Gesellschaft zuweist und geschlechterbezogene Machtverhältnisse produziert. Sie wirkt sich auf alle Menschen aus, unabhängig von der Geschlechtsidentität. Wir nutzen in diesem Text Erkenntnisse über die geschlechterspezifische Verteilung von Care-Arbeit und deren Folgen, die sich in der Regel auf die Unterscheidung von Männern und Frauen beziehen. Wo eine intersektionale Perspektive möglich ist, versuchen wir diese darzustellen.

Dieses Buch ist eine kompakte Einführung, in der wir uns auf ausgewählte Diskussionsstränge konzentrieren. Zuerst beschreiben wir die Care-Krise als Ausgangspunkt für Debatten um die Caring City (Kap. 2). Dann stellen wir drei ausgewählte Städte aus dem spanischsprachigen Raum und deren Strategien auf dem Weg zur Caring City vor (Kap. 3). Wir geben einen Überblick über Perspektiven feministischer Stadtplanung und Stadtforschung auf räumliche Dimensionen von Care (Kap. 4), bevor wir diskutieren, wie sich Stadtplanung mit Blick auf Care weiterdenken lässt (Kap. 5). Abschließend geben wir eine kritische Einschätzung von Caring Cities als transformatives Leitbild für Stadtplanung und Stadtentwicklung (Kap. 6).

Die Care-Krise und ihre Folgen

2

Spätestens seit der COVID-19-Pandemie in den frühen 2020er-Jahren ist die gesellschaftliche Aufmerksamkeit für die „Care-Krise" (Dowling, 2021) auch in Deutschland gestiegen (Zibell, 2022, S. 28–33). Viele wichtige gesellschaftspolitische Themen sind damit verbunden: der demografische Wandel, der Fachkräftemangel, Bildungsungleichheiten, Qualität und Quantität von Gesundheits- und Pflegediensten, Einsamkeit, Stress und psychische Erkrankungen, Altersarmut …. Die Liste ist lang.

Die heutige gesellschaftliche Ordnung basiert darauf, dass Menschen dem Erwerbsarbeitsmarkt als Arbeitskräfte zur Verfügung stehen und „fit" dafür sind. Die Bereiche und Tätigkeiten, die hierfür erforderlich sind, werden gesellschaftspolitisch jedoch weder angemessen wertgeschätzt noch mit den erforderlichen Ressourcen ausgestattet. Dazu zählen z. B. Erziehung und Bildung, Gesundheit, Körperpflege sowie die Versorgung und Pflege für andere Menschen.

Feministische Autor*innen weisen schon lange auf die gesellschaftliche Bedeutung von Care hin (vgl. z. B. Autor*innenkollektiv Geographie und Geschlecht, 2021). Care-Arbeit macht das Funktionieren gesellschaftlicher Systeme (Wirtschaft, Erwerbsarbeitsmarkt, Sozialversicherung etc.) möglich (Dowling, 2021, S. 193). Sie ist – auch konzeptualisiert als Reproduktions-, Haus- oder Familienarbeit – bereits seit den ersten Frauenbewegungen des 19. Jahrhunderts ein feministisches Thema (Hayden, 1981; Terlinden & von Oertzen, 2006). Die Art und Weise, wie Care-Arbeit heute in Deutschland und vielen anderen Ländern organisiert ist, ist das Ergebnis machtvoller Auseinandersetzungen in einem langen historischen Prozess, der eng mit **patriarchalen** und **kapitalistischen** Interessen verknüpft ist (Dörhöfer & Terlinden, 1998).

S. Huning, H. Müller, *Die Caring City*, essentials,
https://doi.org/10.1007/978-3-658-51492-1_2

Patriarchat

Das **Patriarchat** bezeichnet die gesellschaftliche Vorherrschaft von Männern im Verhältnis zu Frauen und anderen Geschlechtern, die in verschiedenen gesellschaftlichen Bereichen von der Familie bis zur Politik strukturell benachteiligt werden. Patriarchale Denk- und Verhaltensmuster durchdringen – bewusst oder unbewusst – alle Bereiche gesellschaftlichen Lebens. Sie haben zur Folge, dass Frauen schlechter bezahlt werden, mehr unbezahlte Care-Arbeit übernehmen, weniger Leitungspositionen innehaben und geschlechtsspezifische Gewalt erleben (Bündnis Gemeinsam gegen Sexismus, o. J.).

Das Patriarchat ist tief in **kapitalistische Gesellschaftsordnungen** eingeschrieben und äußert sich z. B. in der Unterscheidung von Produktion (männlich konnotiert und höher bewertet) und Reproduktion (in weiblicher Zuständigkeit und weniger wert). Auch wenn das kapitalistische System maßgeblich auf (unbezahlte) Care-Arbeit und damit auf die Reproduktion von Arbeitskraft angewiesen ist, werden die Bedingungen für die Ausübung dieser Arbeit durch das Profitstreben des Kapitalismus immer wieder untergraben (Fraser, 2016).

Dass Frauen den größten Teil der Care-Verantwortung übernehmen, hängt mit stereotypen Geschlechterbildern und geschlechterspezifischen Rollenzuschreibungen zusammen, die kulturell und institutionell tief verankert sind. Die geschlechterspezifische Arbeitsteilung, die bis heute existiert, entstand bereits im 19. Jahrhundert. Die damalige bürgerliche Gesellschaft definierte die (heterosexuell konnotierte) moderne Kleinfamilie – Vater, Mutter und Kind(er) – als Einheit, die gemeinsam wirtschaftet und konsumiert. In der Bundesrepublik wurde die Kleinfamilie zur politischen Norm, z. B. in der Wohnungs-, Sozial- oder Wirtschaftspolitik: Der männlichen „Ernährer"-Rolle stand die weibliche Rolle der Hausfrau und Mutter gegenüber, die ihren Familien ein behagliches Heim schaffen, den familiären Alltag organisieren und die Kindererziehung übernehmen sollte. Zum einen stärkte diese Rollenverteilung das Patriarchat bzw. die gesellschaftliche Vorherrschaft von Männern in zentralen Entscheidungs- und Machtpositionen. Zum anderen übertrug sie die Verantwortung für die (als unproduktiv angesehene) Care-Arbeit auf Frauen, die diese Arbeit, entsprechend ihren vermeintlich natürlichen Neigungen, im Privaten „aus Liebe" und unbezahlt leisten sollten (Bock & Duden, 1977). Das Familieneinkommen des Mannes sollte das Überleben der Familie sichern. Es stärkte zugleich seine Vormachtstellung als familiärer Entscheider.

Dass es sich hierbei um das Ergebnis gesellschaftspolitischer Entscheidungen und nicht um eine unausweichliche Entwicklung handelt, zeigt der Vergleich mit der DDR. Dort spielte die Kleinfamilie zwar ebenfalls gesellschaftspolitisch eine wichtige Rolle, und Familien wurden u. a. bei der Wohnungsvergabe bevorzugt. Doch Frauen waren nicht auf ihre Mutter-Rolle reduziert, sondern wurden als Erwerbstätige – auch in vermeintlichen „Männerberufen" – ausdrücklich gefördert (Droste & Huning, 2017). Obgleich sie wirtschaftlich unabhängig waren, blieben sie für die Care-Arbeit hauptverantwortlich, wenn auch mit Unterstützung wie z. B. betrieblichen Kindergärten oder monatlichen Hausarbeitstagen für Frauen. Nach der Wende 1989 wurden viele Errungenschaften aus DDR-Zeiten abgeschafft, sodass sich inzwischen Care-Bedingungen und Vereinbarkeitsprobleme in ganz Deutschland einander angenähert haben. Dennoch ist z. B. die Ganztagsbetreuungsquote bei Kindern im Kindergartenalter in den neuen Bundesländern fast doppelt so hoch wie in den alten Bundesländern (Pfahl et al., 2023, S. 35).

In den vergangenen Jahrzehnten wurden Care-relevante Infrastrukturen in Deutschland zwar ausgebaut, z. B. durch staatliche und gewerbliche Betreuungs- und Pflegeangebote. Sie decken den Bedarf jedoch bei weitem nicht. Privathaushalte müssen nach individuellen Lösungen suchen, um Lohn- und Care-Arbeit unter einen Hut zu bringen (Frank, 2004). In Kleinfamilien sind häufig Frauen und Mütter zuständig. Doch auch unter Frauen ist die Belastung mit Care-Arbeit nicht gleichverteilt. Oftmals übernehmen migrantische Frauen Haushalts-, Pflege- und Betreuungsaufgaben für andere Frauen bzw. Haushalte, die sich dies finanziell leisten können. Die so entstehenden Versorgungslücken in den Herkunftsländern füllen dann wiederum andere Frauen vor Ort.

Technische (smarte) Geräte können einen Teil der Hausarbeit übernehmen, verringern damit jedoch nicht unbedingt den Arbeitsaufwand (Srnicek & Hester, 2021). In der Pflege kommen sie zum Einsatz, um Menschen das Essen anzureichen, die Zeit zu vertreiben (z. B. Spielen, Vorlesen) oder Körperfunktionen zu überwachen (Marquardt, 2018). Praktische und ethische Vorbehalte setzen solchen Lösungen allerdings Grenzen.

Denn Care-Arbeit umfasst mehr als nur Tätigkeiten, die problemlos an Maschinen übergeben werden könnten. Zum einen handelt es sich um emotionale Arbeit, die mit Zuwendung verbunden ist. So ist z. B. ein gemeinsames Abendessen mehr als die Nahrungsaufnahme, sondern ein konstitutives Moment sozialer Beziehungen, gegenseitiger Aufmerksamkeit und Zuwendung. Zum anderen ist Care-Arbeit mentale Arbeit, die anfällt, wenn verschiedene Aufgaben, Abläufe und Personen im Haushalt koordiniert werden müssen („*mental workload*“): Wer bringt wann das Kind zur Schule, kauft ein, besorgt das Geburtstagsgeschenk für die Oma und vereinbart den Arzttermin? Dies sind typische Bausteine des alltäglichen sozialen Zusammenlebens, die de facto zumeist weiterhin Frauen übernehmen.

Dies belegen z. B. Zeitverwendungsstudien vom Statistischen Bundesamt Destatis sowie Indikatoren wie der **Gender Equality Index** und der **Gender Care Gap**. Letzterer zeigt aktuell an, dass Frauen in Deutschland pro Tag 79 Minuten mehr unbezahlte Sorgearbeit leisten als Männer (Kenkmann et al., 2025, S. 19). Die Folgen für gesellschaftliche Teilhabe, die Möglichkeit, ein eigenes Erwerbseinkommen zu erzielen, oder die Wahrscheinlichkeit, von Altersarmut betroffen zu sein, sind gravierend (Dellenbaugh-Losse, 2024, S. 36–45), was sich u. a. im sogenannten **Gender Pension Gap** äußert. Hinzu kommt eine „Erschöpfung der Frauen" (Schutzbach, 2021), die nicht nur mit der Mehrfachbelastung durch Care-Arbeit, sondern auch mit Geschlechterstereotypen und struktureller Gewalt gegen Frauen zusammenhängt. In aktuellen Diskussionen um Elternzeit, Ehegatten-Splitting und Mütter-Rente wird zwar die finanzielle Absicherung adressiert. Eine nachhaltige Lösung der Care-Krise, die zu einer gerechteren Verteilung von Care-Arbeit führt und dabei mit geschlechterspezifischen Zuschreibungen aufräumt, ist jedoch nicht in Sicht.

Geschlechterungleichheiten in Zahlen

Der **Gender Equality Index** zeigt geschlechterspezifische Ungleichheiten in verschiedenen Lebensbereichen in der Europäischen Union auf und setzt sich aus den Bereichen Arbeit, Geld, Wissen, Zeit, Macht und Gesundheit zusammen. Er basiert auf 31 Indikatoren und liegt auf einer Skala zwischen einem Punkt (= totale Ungleichheit) bis 100 Punkten (= totale Gleichheit). Deutschland belegte im Jahr 2025 mit 63,2 Punkten Platz 11 innerhalb der EU und lag damit im Mittelfeld im Vergleich zu anderen EU-Ländern (European Institute of Gender Equality, 2025a, b).

Der **Gender Care Gap** basiert auf der Zeitverwendungserhebung des Statistischen Bundesamts (2025). Berechnet wird er, indem die Differenz beim Zeitaufwand für unbezahlte Sorgearbeit von Frauen und Männern ins Verhältnis zum Zeitaufwand für unbezahlte Sorgearbeit von Männern gesetzt wird. Der Gender Care Gap für Deutschland lag im Jahr 2025 bei 43,4 %, basierend auf der Zeitverwendungserhebung aus dem Jahr 2022 (Statistisches Bundesamt, 2025). Schätzungen des Think Tanks des Europäischen Parlaments gehen davon aus, dass die daraus resultierenden ökonomischen Kosten EU-weit zwischen 147 und 220 Mrd. € betragen (Fernandes, 2025).

Der **Gender Pension Gap** beschreibt den relativen Unterschied der Alterssicherungseinkommen von Frauen und Männern ab 65 Jahren (Statistisches Bundesamt, 2026). Berechnet wird er als prozentuale Differenz zwischen dem durchschnittlichen eigenen Alterssicherungseinkommen aller Frauen und dem aller Männer. Je höher der Wert ist, umso niedriger ist das durchschnittliche eigene Alterssicherungseinkommen von Frauen (Flory, 2011, S. 9). In Deutschland lag der Gender Pension Gap 2024 bei 36,9 % (ohne Hinterbliebenenrenten) bzw. bei 41,4 % (alte Bundesländer ohne Berlin) und 16,2 % (neue Bundesländer mit Berlin; Statistisches Bundesamt, 2026).

Nicht nur private Haushalte leiden unter der fehlenden gesellschaftspolitischen Aufmerksamkeit für Care-Arbeit. Auch der öffentlich und gewerblich organisierte Care-Sektor ist von prekären Arbeitsverhältnissen, Fachkräftemangel und Erschöpfung geprägt, z. B. Kindergärten, Pflege- und Gesundheitsdienste oder soziale Einrichtungen. Inzwischen werden gewerbliche Liefer-, Pflege- und Haushaltsdienste über Online-Plattformen angeboten, die denjenigen, die es sich leisten können, flexible Dienstleistungen als Antwort auf das Vereinbarkeitsproblem von Familie und Beruf vermitteln. Die Arbeitsverhältnisse sind jedoch oft prekär und schlecht bezahlt, und eine Interessenvertretung gibt es nicht (Altenried et al., 2021, S. 15).

Was wäre also zu tun? Die Politikwissenschaftlerin Joan Tronto fragt pointiert:

> „Was wäre, wenn wir aus einer Care-Perspektive *gegen* den Neoliberalismus argumentieren würden – aus dem Verständnis einer demokratischen Gesellschaft heraus, dass Care adäquat und gleichermaßen für alle verfügbar sein muss und dass alle ihren Beitrag zu Care leisten müssen?" (Tronto, 2017, S. 28; eig. Übersetzung; Hervorhebung im Original)

Tronto argumentiert, dass eine Demokratisierung von Care dazu beiträgt, gesellschaftliche Ungleichheiten abzubauen und Menschen als politische Akteure zu stärken (Tronto, 2017). Ähnlich fordert die Sozialwissenschaftlerin Emma Dowling (2021), Care-Arbeit der Logik der (Finanz-)Märkte zu entziehen, Care für alle Menschen gleichermaßen verfügbar zu machen und die Ausgestaltung von Care-Verhältnissen in demokratischen Prozessen zu entscheiden. Letztlich gehe es darum, gesellschaftlich deutlich mehr Ressourcen – Zeit und Kapazitäten – für Care einzuplanen (Dowling, 2021, S. 206). Auch viele andere Autor*innen und Initiativen machen sich Gedanken um den Umbau des Care-Sektors (z. B. Aulenbacher & Dammayr, 2014; Care Revolution Netzwerk, o. J.; Chatzidakis et al., 2020; Fraser, 2016, 2017; Knobloch et al., 2022; Strüver, 2021; Winker, 2015, um nur eine Auswahl zu nennen). Ein solcher Umbau erfordert jedoch ein sehr grundsätzliches Umdenken, wie die folgenden Beispiele zeigen (Kap. 3).

Lokalpolitik für die Caring City – Internationale Beispiele und Erfahrungen

3

Weltweit nutzen heute bereits mehrere Städte das Label „Caring City", um einen Care-Fokus in der Lokalpolitik zu etablieren. Dabei steht Care-Arbeit im Fokus, also Tätigkeiten in Haushalt, Betreuung und Pflege. Engagierte Lokalpolitiker*innen erproben in Zusammenarbeit mit feministischen Wissenschaftler*innen und Aktivist*innen verschiedene Wege, um die Bedingungen für Care-Arbeit zu verbessern, Care-Netzwerke aufzubauen und Care-Beziehungen zu demokratisieren. Besonders bekannte Beispiele sind **Barcelona** und **Madrid** in Spanien und **Bogotá** in Kolumbien (Tab. 3.1). Sie stehen in diesem Kapitel im Mittelpunkt: Welche Bausteine zeichnen diese Caring Cities aus, und wie gelingt die Umsetzung?[1]

3.1 Drei Caring Cities im Überblick

Barcelona gilt als erste Stadt, die eine umfassende Caring City Strategie entwickelte. Barcelona en Comú, ein Zusammenschluss verschiedener linker Parteien und Bewegungen, gewann im Jahr 2015 überraschend die Kommunalwahlen. Ada Colau, eine Aktivistin gegen Zwangsräumungen, wurde Bürgermeisterin und setzte das politische Projekt der Caring City mit Unterstützung durch eine starke feministische Bewegung um.

[1] Vorarbeiten für dieses Kapitel entstanden im Rahmen des Projektes „Das Konzept der Caring City. Ein Ansatz für eine gerechtere und nachhaltigere Stadt?", gefördert vom vhw – Bundesverband für Wohnen und Stadtentwicklung e. V. Im Projektbericht (Huning & Müller, 2025) finden sich weitere Literaturverweise und vertiefende Informationen zu den Beispielen.

S. Huning, H. Müller, *Die Caring City*, essentials,
https://doi.org/10.1007/978-3-658-51492-1_3

Tab. 3.1 Die Caring Cities Barcelona, Bogotá und Madrid

	Barcelona	Madrid	Bogotá
Bevölkerung	1,64 Mio. (Stand 2023)	3,34 Mio. (Stand 2023)	7,94 Mio. (Stand 2023)
Care-Verständnis	Zentrales Element der städtischen Wirtschaft (Praxis feministischer Ökonomie); intersektionale Perspektive	Alle Tätigkeiten zum Erhalt des Lebens als allgemeiner politischer Rahmen für Kommunalpolitik	Motto „Für diejenigen sorgen, die für uns sorgen"; Fokus auf Frauen, die unbezahlt Care-Arbeit leisten
Weiterführende Literatur und Links	Ezquerra und Keller 2022, Fried und Wischnewski 2024a, b Webseite Caring City: https://www.barcelona.cat/ciutatcuidadora/en	Fried und Wischnewski 2024a, b Martín, 2023	Testoni und Zubcov 2025 Vortrag zum Care-System 2023: https://youtu.be/a-FAAkYwNcg. Webseite Care-System: https://sistemadecuidado.gov.co/

Eigene Darstellung nach Alcaldía Mayor de Bogotá D.C. (https://bogota.gov.co); Ayuntamiento de Barcelona (https://ajuntament.barcelona.cat); Ayuntamiento de Madrid (https://www.madrid.es) (abgerufen am 23.02.2026)

Das Herzstück der Caring City – die „Strategie zur Demokratisierung der Sorge 2017–2020" (Ajuntament de Barcelona, 2017) – beinhaltet 68 Maßnahmen mit Angaben über Zuständigkeiten und Budgetierung (Ezquerra & Keller, 2022, S. 13–14). Die Maßnahmen zielen darauf ab, die kollektive Verantwortung für Care-Arbeit zu stärken und die Arbeitsbedingungen für bezahlte und unbezahlte Care-Arbeit zu verbessern, z. B. durch den Ausbau öffentlicher Angebote und die Unterstützung gemeinnütziger Einrichtungen und Initiativen.

Barcelona en Comú konnte zahlreiche Projekte erfolgreich umsetzen, stieß aber auch auf Widerstände bei dem Versuch ihrer grundsätzlichen Neuausrichtung von Stadtverwaltung und Lokalpolitik. In der folgenden Wahlperiode hatte die Plattform keine Mehrheit mehr. Seit 2023 regiert Bürgermeister Jaume Collboni von der Sozialdemokratischen Partei Kataloniens. Unter seiner Führung wurde im Jahr 2025 eine neue Care-Strategie für die Jahre 2025–2030 mit einem Budget von 140,5 Mio. € verabschiedet, die auf den ersten Blick ähnlich progressiv wirkt (Ajuntament de Barcelona, 2025). Für eine Bewertung muss die weitere Umsetzung der Maßnahmen abgewartet werden.

In **Madrid** entstand das politische Projekt der Caring City in derselben Zeit wie in Barcelona und in einem vergleichbaren Kontext munizipalistischer Bewegungen, als die linke Wahlplattform Ahora Madrid im Jahr 2015 die Kommunalwahlen gewann. Ein abteilungsübergreifendes Planungsteam erarbeitete den Aktionsplan „Madrid als Caring City 2016–2019" (Ayuntamiento de Madrid, 2017). Ziel war es, städtische Politik stärker auf Care-Arbeit auszurichten und Regierungs- und Verwaltungsvorgänge für Bürger*innen besser zugänglich zu machen.

Aufgrund von Finanzierungsproblemen und internen Unstimmigkeiten über Zuständigkeiten verzögerte sich die Umsetzung einiger Projekte stark, während andere gar nicht realisiert wurden. Dadurch blieben sichtbare Erfolge des Aktionsplans innerhalb der Legislaturperiode überwiegend aus. Der abteilungsübergreifende, transformative Charakter der Caring City ging verloren. Nach dem Regierungswechsel im Jahr 2019 wurden nur einzelne Themenbereiche wie die Bekämpfung von Einsamkeit oder die Lebenssituation von Senior*innen und pflegenden Angehörigen weiterverfolgt.

Die Politik der Caring City in **Bogotá** verfolgt einen stark sozialpolitischen Ansatz und erfährt große internationale Aufmerksamkeit. Claudia López Hernández, die im Jahr 2020 für die grüne Partei Alianza Verde als erste Frau Bürgermeisterin von Bogotá wurde, setzte Care auf ihre politische Agenda und baute ein stadtweites Care-System (Sistema Distrital de Cuidado) auf. Unter dem Motto „Für diejenigen sorgen, die für uns sorgen", reagierte sie auf die langjährige Forderung feministischer Bewegungen, Armut und Zeitmangel von Frauen, die in Vollzeit unbezahlte Care-Arbeit leisten, zu verringern.

Im Jahr 2023 wurde das stadtweite Care-System in einem Dekret rechtlich verankert und damit die Weiterführung über die Legislaturperiode hinaus gesichert. (Alcadía Mayor de Bogotá, 2023). Das Care-System kann auf eine breite politische Unterstützung über Parteigrenzen hinweg bauen, da es auf weitverbreitete und drängende Armutsprobleme und bislang fehlende grundlegende sozialstaatliche Unterstützungsstrukturen reagiert.

3.2 Ausgangsbedingungen und Ziele

Die beispielhafte Betrachtung der drei hier vorgestellten Städte zeigt, dass der Boden für die Caring City häufig von starken feministischen und/oder munizipalistischen Bewegungen bereitet wurde, die sich für Verbesserungen im Care-Bereich einsetzten und immer wieder auf die ungleiche Verteilung und fehlende Wertschätzung von Care-Arbeit aufmerksam machten. Care war (und ist bis heute) ein relativ neues Feld kommunalpolitischen Handelns. Dadurch fehlt es vielerorts an Wissen und vor allem an statistischen Daten zu Care-Arbeit und zur geschlechterspezifischen Zeitverwendung auf kommunaler Ebene. Studien hierzu mussten auch in den drei hier betrachteten Städten erst in Auftrag gegeben werden.

Diese Studien zeigten, dass unbezahlte Care-Arbeit sich nicht nur auf die sozioökonomische Situation von Privathaushalten, sondern auf die städtische Wirtschaft insgesamt auswirkt. So verbringen z. B. in Bogotá 1,2 Mio. Frauen (von 7,9 Mio. Einwohner*innen) den Großteil ihrer Zeit mit unbezahlter Care-Arbeit (Oviedo Meza, 2023) – mit gravierenden Folgen für ihre Lebensführung: von geringer Schulbildung, die ihnen den Zugang zum regulären Arbeitsmarkt erschwert, über fehlende Erholung und Zeit für sich selbst und eingeschränkte soziale Teilhabe bis hin zu Erschöpfung und gesundheitlichen Problemen wie chronischen Erkrankungen (Oviedo Meza, 2023). All diese Faktoren sind direkt mit einer erhöhten Armutsgefährdung verknüpft.

Vor allem in Barcelona und Madrid waren für die Veränderungen auf kommunalpolitischer Ebene neben dem feministischen Problembewusstsein die starken munizipalistischen Bewegungen ausschlaggebend. Munizipalismus bedeutet, aus kommunalen Parlamenten heraus, „lokale Institutionen (wieder) gemeinwohlorientiert auszurichten“ und „die Art, wie Politik gestaltet wird, von unten her zu demokratisieren […]“ (Vollmer, 2017, S. 147). Durch ihren Sieg bei den Kommunalwahlen 2015 konnten die munizipalistischen Bewegungen den Weg zur Caring City mit ambitionierten Zielen und Projekten ebnen.

Das Beispiel Bogotá zeigt jedoch, dass bei ausreichend Problembewusstsein und Handlungsdruck auch etablierte Parteien gleichstellungspolitische Care-Politiken anstoßen und umsetzen können. Unbezahlte und ungleich verteilte Care-Arbeit, dokumentiert durch die o. g. Studien, wurde hier zum Ansatzpunkt für sozialpolitische Armutsbekämpfung, die gleichzeitig auch einen gleichstellungspolitischen Anspruch hatte.

Der Problemdruck, der sich unter dem Begriff der Care-Krise fassen lässt, ist nicht nur in diesen drei Städten hoch. Letztere zeichnen sich jedoch durch politischen Willen und engagierte Führungspersönlichkeiten mit Mut und Überzeugungskraft aus, die die Care-Thematik auf die kommunalpolitische Agenda setzten. Es ging bzw. geht ihnen darum, bezahlte und unbezahlte Care-Arbeit als wichtigen Bestandteil städtischer Wirtschaft anzuerkennen und Care-Arbeit gesellschaftlich umzuverteilen und fairer zu gestalten. Konkret bedeutet das den Ausbau von öffentlichen Care-Infrastrukturen zur Entlastung der Privathaushalte sowie eine stärkere demokratische Mitbestimmung in der Ausgestaltung von öffentlichen Unterstützungsangeboten. Auch selbstorganisierte Care-Einrichtungen, etwa im Bereich Kinderbetreuung oder Selbsthilfe, werden stärker unterstützt. Ziel ist es, Care-Arbeit aus dem privaten Raum und der privaten Verantwortung herauszuholen. Sie soll zudem nicht länger allein Frauen zugeschrieben, sondern über alle Geschlechter hinweg gesellschaftlich kollektiv verantwortet werden. Dafür braucht es öffentliche Räume für gemeinschaftlich getragene Care-Arbeit, wie sie z. B. durch Care-Zentren geschaffen werden (siehe unten). Nicht zuletzt gilt es, in Politik und Verwaltung für feministische bzw. gleichstellungspolitische Care-Perspektiven zu sensibilisieren.

3.3 Bausteine einer Caring City

Der Caring City Ansatz zeichnet sich dadurch aus, dass er nicht nur diejenigen mitdenkt, die Care erhalten, sondern vor allem diejenigen in den Mittelpunkt stellt, die bezahlt und unbezahlt Care-Arbeit leisten – überwiegend Frauen –, und diese zu entlasten und zu fördern. Die politischen Ansätze, Maßnahmen und Instrumente in Caring Cities weisen ein breites Spektrum auf:

- Integrierte Care-Strategien
- Unterstützungssysteme im Quartier
- Weiterbildungs- und Anerkennungsinitiativen
- Umbau von Verwaltungsstrukturen

Diese Bausteine einer Caring City reagieren lokal spezifisch auf Bedingungen und Bedürfnisse vor Ort. Insbesondere bei quartiersbezogenen Ansätzen ist es zentral, zunächst eine Bestandsaufnahme der bereits existierenden Angebote und Infrastrukturen vorzunehmen. So wird der Bedarf erkennbar, der bisher nicht gedeckt oder erhoben wurde, z. B. weil eine geschlechtersensible Perspektive fehlte. Die Zusammenarbeit mit Akteuren vor Ort und den dort wohnenden und arbeitenden Menschen ist ausschlaggebend, um bestehende Strukturen wertzuschätzen und im Prozess nicht zu übergehen.

Integrierte Care-Strategien

Integrierte und umfassende Care-Strategien stellen einen übergeordneten und zugleich grundlegenden Baustein einer Caring City dar, der das Vorhaben aufs Papier bringt. Die Strategien basieren meist auf eigens erstellten lokalen Zeitverwendungsstudien, um politische Maßnahmen auf statistischen Daten aufbauen und somit legitimieren zu können. Care-Strategien enthalten die Definition zentraler Begriffe, die politischen Ziele sowie einen umfassenden, sektorübergreifenden Maßnahmenplan mit Budgetierung und Angabe der zuständigen Abteilung. Bei erfolgreicher Etablierung als kommunalpolitisches Handlungsfeld folgt auf die Entwicklung und Umsetzung der Strategie ein Monitoring und ggf. die Fortschreibung der Strategie.

Unterstützungssysteme im Quartier

Weit verbreitet sind Ansätze, die Quartiere und ihre Bewohner*innen als Ganzes in den Blick nehmen. Im Mittelpunkt steht eine zentrale Anlaufstelle wie z. B. ein Care-Zentrum. Idealerweise sollte es in 15 bis 20 Minuten fußläufig oder mit dem Rad erreichbar oder an zentralen Knotenpunkten des öffentlichen Nahverkehrs gelegen sein, um die sichere und niedrigschwellige Anreise zu gewährleisten. Care-Zentren dienen als Anlaufstellen für Informationen über Dienstleistungen, Ressourcen, Unterstützungsangebote etc. Sie vereinen verschiedenen Dienste und Aktivitäten unter einem Dach. Diese reichen von Erholungs-, Beratungs-, Bildungs- und Betreuungsangeboten bis hin zu kollektiven Care-Infrastrukturen wie Wäschereien oder Großküchen und Einrichtungen für den täglichen Bedarf. Abgelegene Stadtteile können durch mobile Care-Zentren bzw. Care-Busse versorgt werden. Diejenigen, die an die Wohnung gebunden sind, da sie pflegen oder gepflegt werden, können von aufsuchenden Unterstützungsprogrammen profitieren.

Weiterbildung und Anerkennung

Schließlich gibt es Maßnahmen, die für die feministische Care-Perspektive sensibilisieren sollen. Einerseits dienen interne Weiterbildungen und Workshops für Verwaltungspersonal und politische Mandatsträger*innen dazu, ein Bewusstsein für die ungleiche und geschlechterspezifische Verteilung von Care-Arbeit sowie die Folgen der Care-Krise zu erhalten. Teilnehmer*innen können sich hier Wissen aneignen und gesellschaftliche Normen, Entscheidungs- und Machtstrukturen reflektieren. Durch einen Perspektivwechsel in der kommunalen Stadtplanung kann dann z. B. Care-Arbeit viel stärker als bisher in der Stadtgestaltung und -planung berücksichtigt werden, was bisher oft nur indirekt geschieht (Abschn. 5.1). Andererseits können Kommunen Zertifikate und Weiterbildungen anbieten, um Care-Arbeit und die dabei erworbenen Kompetenzen anzuerkennen. Dadurch bekommen diejenigen, die informell Angehörige betreuen oder pflegen, perspektivisch die Möglichkeit, dies als Erwerbsarbeit zu tun. Nicht zuletzt adressieren Caring Cities durch Vorschriften und Gesetze bei der Vergabe öffentlicher Aufträge die prekären Arbeitsbedingungen von Hausangestellten und 24-Stunden Pflegekräften, die häufig schlecht bezahlt sind und unter prekären Arbeitsbedingungen arbeiten.

Umbau von Verwaltungsstrukturen

Care ist als kommunalpolitisches Handlungsfeld recht neu und ein Querschnittsthema über verschiedene politische Handlungsfelder hinweg. Daher ist der Verwaltungsumbau eine weitere Aufgabe auf dem Weg zur Caring City. Ziel ist es, Care als integrierten Ansatz zu verfolgen. Dies macht es erforderlich, sich in abteilungsübergreifenden Steuerungsgremien zusammenzusetzen, Aufgaben- und

Abteilungszuschnitte zu überdenken, Synergien zu schaffen und Personalressourcen entsprechend zu lenken. Häufig verhindert ein Silo-Denken in Verwaltungen die Etablierung neuer integrierter Perspektiven, weil alle Abteilungen eigene Logiken, Projekte und Methoden haben. Für den integrierten Charakter der Caring City und die Umsetzung von darauf bezogenen Maßnahmen und Projekten ist die Entscheidung, in welcher Abteilung oder welchem Politikfeld – z. B. Gesundheit, Wirtschaft oder Soziales – sie angesiedelt wird, zentral. Sie hat auch eine machtpolitische Dimension, denn davon hängen Priorisierung, Finanzierung und Befugnisse ab. Deshalb braucht es für einen Verwaltungsumbau starken politischen Rückhalt, Personal, institutionelle Unterstützung, Geduld und Erfahrungswissen.

3.4 (Vorläufiges) Resümee: Caring Cities in der Praxis

Die Beispiele zeigen eine Bandbreite von Bausteinen einer Caring City, deren Potenzial vermutlich noch lange nicht ausgeschöpft ist. Nicht zuletzt im Bereich der Stadtplanung ist der Caring City Ansatz noch ausbaufähig, sodass die räumliche Dimension der Care-Krise (Kap. 4) stärker Berücksichtigung finden könnte (Kap. 5).

Da die Caring City erst seit etwa einem Jahrzehnt erprobt wird, sind bis heute nur kurz- und mittelfristige Erfolge sowie Herausforderungen bei der Umsetzung erkennbar. Wechselnde politische Mehrheiten und Prioritäten sowie finanzielle Rahmenbedingungen spielen dabei eine entscheidende Rolle. Wie in anderen Politikfeldern zeigt sich auch hier, dass es neben der Entwicklung und Umsetzung von Bausteinen einer langfristigen Absicherung der Projekte bedarf. Wenn Projekte bereits nach kurzer Zeit wieder abgewickelt werden, verliert der Caring City Ansatz an Überzeugungskraft, da Erfolge nicht sichtbar werden, sich Enttäuschung einstellt und aufgebaute Netzwerke sich wieder verlieren.

Aktuell (Anfang 2026) stellt sich die Situation in den drei betrachteten Städten wie folgt dar:

In **Barcelona** wird Care als kommunalpolitisches Handlungsfeld weitergeführt. Inwiefern die ursprüngliche transformative und feministische Ausrichtung Bestand hat, ist noch nicht absehbar. Die vom aktuellen Bürgermeister der Sozialdemokratischen Partei Kataloniens 2025 verabschiedete Care-Strategie „Barcelona auf dem Weg zum Recht auf Care 2025–2030“ sieht 140,5 Mio. € für insgesamt 100 Maßnahmen in vier Bereichen vor: öffentliche Dienstleistungen, Care-Ökonomie, Förderung einer geteilten Verantwortung für Care-Arbeit zwischen den Geschlechtern und eine Stärkung feministischer Allianzen (Ajuntament de Barcelona, 2025). Eine Evaluation der neuen Care-Strategie sowie eine fundierte Einschätzung zu den langfristigen Auswirkungen der vorangegangenen Care-Strategie stehen noch aus.

In **Madrid** hat sich die Aufmerksamkeit für pflegende Angehörige, Senior*innen und das Thema Einsamkeit durch einzelne Strategien und Projekte laut Webseite der Stadt verstetigt (https://www.madrid.es/portal/site/munimadrid). Eine ressortübergreifende Zusammenarbeit scheint jedoch nicht weiter forciert worden zu sein. Insofern scheinen die Spuren des Caring City Ansatzes im Vergleich eher fragmentiert.

In **Bogotá** zeigt sich eine Verstetigung des städtischen Care-Systems über Legislaturperioden hinweg, die sich auf die gesetzliche Verankerung und den hohen Handlungsdruck zurückführen lässt. In Zahlen vermeldet Bogotá folgende Erfolge: Bis Anfang 2026 hat die Stadt insgesamt 27 Care-Zentren eröffnet (Alcaldía Mayor de Bogotá, D. C., 2025). Im Zeitraum von März 2021 bis September 2025 haben ca. 1500 Personen ein Zertifikat in Pflegewissenschaften erhalten und ca. 3200 Personen ihr Abitur nachgeholt; das aufsuchende Unterstützungsangebot für pflegende Angehörige hat insgesamt ca. 330.000 Stunden bzw. 13.000 Tage freie Zeit für die Angehörigen geschaffen, und ca. 9000 Männer haben an den Kursen für „Männer in Care" teilgenommen (Alcaldía Mayor de Bogotá, D. C., 2025). Den vermutlich wertvollsten, aber schwer messbaren Erfolg formuliert Carolina Bucheli Olmos, Koordinatorin für die lokale Care-Strategie, in einer Studie der Rosa-Luxemburg Stiftung so: „Die Frauen erkennen sich selbst als Sorgearbeit leistende Frauen an, verstehen die Bedeutung ihrer Arbeit, helfen anderen Frauen, sie zu verstehen, und werden dadurch zu Multiplikatorinnen" (Testoni & Zubcov, 2025, S. 13). Zudem wird eine ressortübergreifende Zusammenarbeit durch gesetzlich festgelegt Steuerungsgremien sichergestellt.

Städteübergreifend lässt sich feststellen, dass die Herausforderungen in der Umsetzung der Caring City vor allem darin liegen, Verwaltung, politische Mandatsträger*innen und die Öffentlichkeit vom Anliegen zu überzeugen und sie für eine feministische Care-Perspektive zu sensibilisieren. Dazu müssen die Befürworter*innen Aufmerksamkeit für die gesellschafts-, sozial- und wirtschaftspolitische Relevanz von Care-Arbeit erzeugen. Gerade weil dies Gewohnheiten, Denkweisen und materielle Strukturen in Frage stellt, ist mit Widerstand zu rechnen. So ist die Relevanz von bezahlter und unbezahlter Care-Arbeit nicht nur für die städtische Wirtschaft, sondern auch in politischen Handlungsfeldern wie Gesundheit oder Bildung nicht immer leicht zu vermitteln, weil die entsprechenden Akteure sich nicht zuständig fühlen. Eine zentrale Herausforderung ist daher, die Querschnittsperspektive der Caring City abteilungsübergreifend und auch gegen eingefahrene Strukturen und Abläufe umzusetzen.

Wie Caring Cities in der Stadtplanung diskutiert werden, die in den genannten Beispielen bisher noch eine untergeordnete Rolle spielt, zeigen wir in Kap. 5. Die o. g. Bausteine lassen jedoch bereits den Versuch erkennen, Caring Cities auch über Standorte sozialer Infrastrukturen zu definieren, z. B. in zentralen Care-Zentren oder mithilfe mobiler Angebote (Kap. 4). Offen bleibt, wie gewerbliche und öffentliche Angebote miteinander verknüpft werden sollten bzw. welche Rolle Modelle wie die Nachbarschaftshilfe oder das Ehrenamt spielen können. Offen bleibt auch, wie Care im Sinne einer Planungsethik oder einer Planung, die den Planeten als Ganzes in den Blick nimmt, angegangen werden könnte. Darauf kommen wir später zurück.

4 Stadträumliche Dimensionen der Care-Krise

Die Beispiele zeigen Versuche, Care-Arbeit als kommunale bzw. kollektive Aufgabe systematisch neu zu denken und vor allem Angebote auf Quartiersebene und mobile Dienste auszubauen (Kap. 3). Denn städtische Siedlungs- und Infrastrukturen haben großen Einfluss auf lokale Care-Bedingungen (Gabauer et al., 2022b; Tanyildiz et al., 2021). So ist die geschlechterspezifische Arbeitsteilung über die Norm der modernen Kleinfamilie in städtische Räume eingeschrieben (Kap. 2). Eine Stadtplanung, die dies nicht zur Kenntnis nimmt, trägt dazu bei, Care-bezogene soziale (geschlechterspezifische) Ungleichheiten und ungleiche Teilhabe-Chancen aufrechtzuerhalten. Um die entsprechenden Diskussionen in Architektur und Stadtplanung geht es in diesem Kapitel.

Die städtische Funktionstrennung von Industrie- und Wohnstandorten ab dem späten 19. Jahrhundert war eine Reaktion auf die unkontrollierte Entwicklung der modernen Großstadt mit ihren negativen Auswirkungen auf die Wohnverhältnisse, die Gesundheit der Bewohner*innen, aber auch die wirtschaftliche Entwicklung von Städten. Um gegenseitige Störungen städtischer Funktionen zu vermeiden, wurden Industrie-, Gewerbe- und Wohngebiete räumlich voneinander getrennt und durch Verkehrsadern miteinander verbunden. Diese Funktionstrennung korrespondierte mit den zeitgenössischen (bis heute vorhandenen) Vorstellungen über Geschlechterrollen: erwerbstätige Männer im öffentlichen Raum, Haus- und Familienarbeit verrichtende Frauen im privaten Raum (Frank, 2003, 2004). Das Wohnen am Stadtrand sollte Familien ruhigere und gesündere Wohnverhältnisse bieten. In der Praxis fehlten jedoch vielerorts Infrastrukturen und Nahversorgungseinrichtungen. Dies erschwerte eine Vereinbarkeit von Familie und Beruf, isolierte (Haus-)Frauen und Mütter an den städtischen Rändern, zementierte die

S. Huning, H. Müller, *Die Caring City*, essentials,
https://doi.org/10.1007/978-3-658-51492-1_4

geschlechterspezifische Arbeitsteilung und verstärkte die damit verknüpfte ökonomische Ungleichheit.

Seit Jahrzehnten finden sich daher erwerbstätige Frauen, neue (kinderlose) Wohn- und Lebensformen sowie Single-Haushalte und Alleinerziehende – so das Einkommen ausreicht – bevorzugt in integrierten innerstädtischen Lagen. Hier sind die Wege kürzer und Infrastrukturen tendenziell besser ausgebaut als in ländlichen oder suburbanen Räumen (Frank, 2004, S. 205). Unterschiedliche Räume bieten unterschiedliche Voraussetzungen für verschiedene Haushaltstypen, Geschlechterarrangements und Lebensstile (BBR, 2007; Bock et al., 1997). Dabei spielen Wirtschaftsstrukturen und Mentalitäten ebenso eine Rolle wie die Verfügbarkeit von Care-Angeboten und -Infrastrukturen. Soziale Infrastrukturen und Versorgungseinrichtungen sind nicht gleichmäßig über den städtischen Raum verteilt, sodass die Rahmenbedingungen für Care-Arbeit sich lokal unterscheiden (Binet et al., 2023).

Auch die Wohnsituation kann Care erschweren oder erleichtern, z. B. abhängig von Verfügbarkeit, Bezahlbarkeit, Bedarfsgerechtigkeit, Qualität und sozialer Einbindung von Wohnraum (z. B. Madden, 2025; Peukert & Vogelpohl, 2025; Power, 2019; Power & Mee, 2020). In diesem Sinne sind Care-Krise und Wohnungskrise eng miteinander verbunden: Nur wenn Menschen über angemessenen Wohnraum verfügen, sind sie überhaupt in der Lage, für sich und für andere zu sorgen. Neue gemeinschaftliche Wohnformen zeigen, wie Care- und Wohnbedürfnisse zusammen gedacht und neue Ideen zum Zusammenwirken öffentlicher und privater Räume und Infrastrukturen entwickelt werden (Peukert & Vogelpohl, 2025; Roller et al., 2024). Sie bleiben jedoch bislang Ausnahmen.

Die städtische Funktionstrennung erschwert auch die Mobilität von Menschen mit Care-Verantwortung (Flade, 2010). Care-Arbeit erzeugt spezifische Wegeketten zwischen unterschiedlichen Einrichtungen wie z. B. Schulen und Betreuungseinrichtungen, Gesundheitsdiensten oder Orten der Nahversorgung. Menschen mit Care-Verpflichtungen müssen häufig mehrere solcher Zielorte hintereinander aufsuchen und dabei ihre eigenen Bedürfnisse, z. B. hinsichtlich ihrer Erwerbsarbeit, mit von ihnen betreuten Personen und/oder mit den Öffnungszeiten von Institutionen (Arztpraxen, Schulen) koordinieren. Sind verschiedene Care-Ziele und Erwerbsarbeitsplätze in großer Entfernung vom Wohnstandort, müssen Menschen mit Care-Verpflichtungen zur Vereinbarkeit der unterschiedlichen Lebensbereiche große Distanzen zurücklegen, haben weniger frei verfügbare Zeit und sind zudem besonders auf eine gute Verkehrsinfrastruktur angewiesen (Sánchez de Madariaga, 2013). Für eine Mobilitätswende, d. h. die Abkehr von der

Automobilität hin zu nachhaltigeren Fortbewegungsmitteln und die generelle Reduzierung von Verkehr, stellen große Distanzen, unzureichende öffentliche Verkehrsnetze und unsichere Rad- und Fußwege im Kontext von Care-Arbeit ein großes Hemmnis dar.

Auch städtische Freiräume sind Orte der Care-Arbeit: Eltern gehen mit Kindern spazieren oder auf den Spielplatz; ältere Geschwister beaufsichtigen jüngere Geschwister, während sie Fußball spielen oder im Park ‚chillen'; Pflegepersonen begleiten Menschen, die nicht alleine mobil sind, an die frische Luft. Doch Parks, Botanische Gärten oder Spiel- und Sportflächen werden häufig ausschließlich aus der Perspektive der Erholung der Stadtbewohner*innen angelegt. So werden z. B. Kinderspielplätze zielgruppengerecht für Kinder geplant, doch die Bedürfnisse der Begleitpersonen – Sitzplätze im Schatten, Wickelmöglichkeiten oder sichere Abstellmöglichkeiten für Fahrräder und Kinderwagen – finden nur selten Beachtung (Tost, 2023). Je barrierefreier und sicherer diese Räume sind, umso eher sind sie auch ohne Begleitperson zugänglich und entlasten Menschen mit Care-Verantwortung.

Zur Zugänglichkeit öffentlicher Räume gehören zudem barrierefreie, saubere und kostenlose Toiletten. Deren Bereitstellung ist in Deutschland eine freiwillige kommunale Aufgabe. Studien zeigen, dass die Nutzung öffentlicher Räume – vor allem, aber nicht nur für ältere Menschen – durch die (Nicht-)Verfügbarkeit von Toiletten maßgeblich beeinflusst wird (Greed, 2003). Fehlen Toiletten, trauen sich manche Menschen keine längeren Wege bzw. Aufenthalte im Freien zu, sodass ihre gesellschaftliche Teilhabe dadurch maßgeblich eingeschränkt wird.

Ansätze, um Stadtplanung aus feministischer Perspektive zu verändern und Care-Arbeit besser mitzudenken, gibt es bereits seit den 1970er-Jahren (z. B. Bauhardt & Becker, 1997). Unter Schlagworten wie „Frauengerechte Planung", „Gendergerechte Stadtentwicklung" oder „Gender Planning" entstanden Leitfäden und Kriterienkataloge zur Unterstützung von Stadtplaner*innen (vgl. für einen aktuellen Überblick Dellenbaugh-Losse, 2024). Zwar sind einige darin enthaltene Forderungen im planerischen ‚Mainstream' angekommen. Ein grundsätzliches Umdenken hat bislang jedoch nicht stattgefunden, auch wenn einzelne Kommunen in den vergangenen Jahrzehnten Projekte unter den Schlagworten „Alltagstauglichkeit" oder „Familiengerechtigkeit" auf den Weg brachten (Bauer & Frölich von Bodelschwingh, 2017). Doch Care ist insgesamt ein „intellektueller blinden Fleck" geblieben (Davoudi & Ormerod, 2025, S. 3). Wie sich das Thema in der Stadtplanung weiterdenken lässt, diskutieren wir in Kap. 5.

Beispiel: Gendergerechte Stadtentwicklung in Wien

Im deutschsprachigen Raum gilt Österreichs Hauptstadt **Wien** als herausragendes Beispiel für eine **gendergerechte Stadtplanung und Stadtentwicklung** (Irschik & Kail, 2013; Reinwald et al., 2019). Im Frauenservice der Stadt Wien (ab 1992) und später in der Leitstelle „Gendergerechtes Planen und Bauen" (ab 1998) entwickelten die Stadtplanerin Eva Kail und ihre Kolleg*innen viele Pilotprojekte zum frauengerechten Wohnen sowie zu Mobilität und Freiraumgestaltung mit einem feministischen Fokus. So wurde der Stadtbezirk Mariahilf zu einem international bekannten Vorzeigequartier für gendergerechtes Planen im Bestand, und Parks wie der Bruno-Kreisky-Park erlangten einen hohen Bekanntheitsgrad für gendergerechte Beteiligung und Freiraumplanung. Die Architektinnen-Wettbewerbe Frauenwerkstadt I und II zeigen, wie Architektur und Städtebau Care-Bedürfnisse umsetzen können. Zuletzt spielten auch in der Seestadt Aspern, einem der größten Stadtentwicklungsprojekte Europas auf dem Gelände eines ehemaligen Flughafens im Osten Wiens, bei Bau und Planung Kriterien der Gendergerechtigkeit eine zentrale Rolle (Dlabaja, 2024; Gutmann & Neff, 2006). ◄

Stadtplanung aus der Care-Perspektive weiterdenken 5

In diesem Kapitel denken wir Stadtplanung aus einer Caring Cities Perspektive weiter. Dabei liegt der Fokus sowohl auf Care-Arbeit als auch auf den anderen Lesarten von Care.

5.1 Caring Cities in Architektur, Städtebau und Stadtplanung

Städte als Caring Cities zu denken, ist in Architektur und Stadtplanung vergleichsweise neu. Stattdessen beziehen sich viele Projekte auf die feministische Stadtkritik und die Leitfäden für gendergerechte Stadtentwicklung (Kap. 4). Können Planung und Städtebau selbst als Care gedacht werden, wenn sie „anderer Menschen Bedürfnisse als Ausgangspunkt für das, was getan werden muss, [nehmen?]" (Tronto, 1993, S. 105, zitiert bei Davis, 2022, S. 12; eig. Übersetzung). Eine solche Care-orientierte Planung würde bedeuten, sich bei allem Handeln an konkreten Care-Bedürfnissen, Beziehungen und Praktiken unterschiedlicher Bevölkerungsgruppen zu orientieren (Davis, 2022, S. 14). Für eine Care-orientierte Transformation baulich-räumlicher Strukturen müssen städtische Räume daher verschiedenen (Care-)Bedürfnissen unterschiedlicher Bevölkerungsgruppen gerecht werden, z. B. im Hinblick auf Wohnen, Versorgung, Gesundheit, Bildung, Sicherheit, Betreuung und Ehrenamt.

Die Fragen, die sich aus einem solchen Perspektivwechsel ergeben, lauten: Wie platzieren Stadtplaner*innen Care-Funktionen bedarfsgerecht und qualitätvoll im Raum? Wie zugänglich sind Care-relevante Räume für verschiedene Bevölkerungs-

S. Huning, H. Müller, *Die Caring City*, essentials,
https://doi.org/10.1007/978-3-658-51492-1_5

gruppen mit unterschiedlichen Bedürfnissen und Ressourcen? Wie schaffen Planer*innen Räume mit hoher Aufenthalts- und Umweltqualität, die immer neu an sich verändernde Ansprüche angepasst werden können? Diese Fragen zeigen die hohe Komplexität der Aufgabe, Care räumlich zu denken (Davis, 2022; Zibell, 2022). Antworten darauf müssen lokal spezifisch sein und entziehen sich einfachen Zusammenstellungen in Leitfäden und Kriterienkatalogen.

> „Die Caring City unterscheidet sich wahrscheinlich von Ort zu Ort und weist eher ein Kaleidoskop an Formen und Praktiken auf, als dass sie universelle Design-Prinzipien durch einen Top-down-Masterplan-Prozess verkörpert. Dennoch handelt es sich wahrscheinlich nicht um eine chaotische Art von Stadt, weil Care-Bedürfnisse und Care-Muster im Zeitverlauf für das Leben aller charakteristisch sind.“ (Davis, 2022, S. 192; eig. Übersetzung)

Bedürfnisse sind differenziert, aber nicht separat voneinander zu betrachten. Sie zu adressieren, kann zu einer Vielfalt räumlicher Formen und Praktiken führen. Konkrete Ansatzpunkte sind z. B. (Binet et al. 2023):

- Care als zentralen Faktor bereits in stadtplanerische Problemdefinitionen, Priorisierungen, Analysen und Entscheidungsfindungen explizit einzubeziehen;
- Einflüsse von Planungsentscheidungen auf Care messbar und kommunizierbar zu machen;
- die interdisziplinäre und intersektorale Zusammenarbeit zwischen verschiedenen Akteuren aus Politik, Verwaltung und Gesellschaft zu stärken, um eine ganzheitliche Planung für Care zu ermöglichen;
- städtische Räume so zu entwickeln und zu planen, dass die Verantwortung für Care vom Individuum in den kollektiven Raum übertragen wird; und nicht zuletzt
- entsprechende Investitionen dort zu priorisieren, wo die Care-Infrastrukturen am wenigsten ausgebaut sind und die Last für Sorgetragende im Moment am höchsten ist.

Beispiel: Stadt der kurzen (Sorge-)Wege

Die „Stadt der kurzen Wege“ – eine Stadt, in der alle wesentlichen Einrichtungen des täglichen Bedarfs wie Geschäfte, Infrastrukturen und Dienstleistungen möglichst fußläufig erreichbar sind – ist bereits seit langem eine feministische Forderung, um Care-Arbeit zu erleichtern und Gemeinschaft zu fördern. Heute ist die Rede von der „15-Minuten-Stadt“ oder von „Superblocks“. Beide Ansätze sind auch unter Nachhaltigkeitsgesichtspunkten vorteilhaft.

Paris versucht, als 15-Minuten-Stadt die räumliche und zeitliche Erreichbarkeit städtischer Einrichtungen und Funktionen zu verbessern und Mobilitätsangebote zu digitalisieren (Soukhov et al., 2025, S. 2). Die 15-Minuten-Stadt ist hier kein starres städtebauliches Prinzip, vielmehr soll sie auf konkrete lokale Bedürfnisse, Bau- und Infrastrukturen reagieren (Soukhov et al., 2025, S. 17). Für das Konzept der Superblocks ist **Barcelona** bekannt. Ziel ist es hier, Quartiere mithilfe von Einbahnstraßen und Geschwindigkeitsbegrenzungen für den Durchgangsverkehr unattraktiv zu machen oder gleich ganz zu sperren, um die Lebens- und Aufenthaltsqualität der Menschen im Quartier zu erhöhen (Urbanista.ch, 2024). Dadurch entsteht Raum zur nachbarschaftlichen Begegnung, zum kindlichen Spielen oder zur Erholung. Auch in Deutschland gibt es inzwischen mehrere Superblock-Initiativen in verschiedenen Stadien der Umsetzung (z. B. in Berlin, Leipzig und Offenbach; vgl. Webseite Changing-Cities.org). ◄

Eine zentrale Herausforderung besteht darin, städtische Räume auf aktuelle Care-Bedürfnisse auszurichten, damit jedoch potenziell Geschlechterungleichheiten zu stabilisieren, während es doch gleichzeitig gilt, für eine zukünftige Gesellschaft zu planen, in der die Verantwortung für Care-Arbeit gleich verteilt und anders organisiert ist. Da Planungshorizonte groß sind, werden Städte von morgen heute geplant. Insofern braucht es Modellprojekte, die zeigen, wie Care-Arbeit anders organisiert wird, um daraus Schlüsse für Caring Cities von morgen zu ziehen. Z. B. zielen alternative, gemeinschaftliche (Mehrgenerationen-)Wohnprojekte auf ein Zusammenleben jenseits der Kleinfamilie, wo Care-Beziehungen und Verantwortlichkeiten neu ausgehandelt werden (müssen) (LaFond & Tsvetkova, 2017). Quartiersbezogene Sorge-Zentren und Unterstützungsleistungen, die wie in den Caring Cities (Kap. 3) als Netzwerk gedacht werden, erleichtern die Alltagsmobilität und die Vereinbarkeit von Care- und Erwerbswegen. Sichere öffentliche Freiräume, Wege und Toiletten ermöglichen die unabhängige Mobilität von Menschen mit Bewegungseinschränkungen, usw.

Unterschiedliche Lebensrealitäten zu berücksichtigen, bedeutet dabei nicht zuletzt auch, städtische Infrastrukturen für Menschen ohne eigene Wohnung und/oder mit geringen Einkommen mitzudenken: Wie können städtische Räume für sie Teilhabe ermöglichen, und welche Care-Infrastrukturen braucht es dafür? Die COVID-19-Pandemie hat gezeigt, wie wichtig unterschiedliche städtische Räume und Infrastrukturen auch für wohnungslose Menschen sind, deren Bedürfnis nach sanitären Anlagen, Informationen, Strom und Wärme oder Mobilität nicht Rechnung getragen wurde (Protschky, 2024). Auch in Nicht-Pandemie-Zeiten fehlt ihnen der Zugang. Dies ist nicht nur ein Thema für Sozialverwaltungen, sondern auch für integrierte Ansätze in Stadtplanung, Stadterneuerung und Stadtentwicklung.

5.2 Care als Planungsethik

Stadtplanung orientiert sich bislang an abstrakten Normen wie Fairness, individuellen Rechten und angemessenem Verhalten (Fainstein, 2005, S. 122). Vielen aktuellen stadtplanerischen Modellen liegt die Vorstellung zugrunde, dass Individuen im Sinne des *homo oeconomicus* rational, autonom und unabhängig Entscheidungen treffen, die für sie selbst den größten Vorteil bringen. Die feministische Care-Ethik kritisiert den Universalitätsanspruch dieses Menschenbilds, das allein auf Vernunft setzt und Emotionen, soziale Beziehungen und gegenseitige Abhängigkeiten und Verpflichtungen ausblendet (Davis, 2022, S. 15). Sie setzt ihm das Menschenbild eines *homo curans* (Tronto, 2017) entgegen, das Menschen als sozial eingebunden und füreinander sorgend versteht. Gesellschaft ist demnach keine Summe von gewinnorientierten Individuen, sondern ein soziales Gefüge, das durch wechselseitige Abhängigkeit gekennzeichnet ist.

Wie Menschen sich umeinander oder um die Welt sorgen können, spiegelt ungleiche Machtverhältnisse und Werte bei der Gestaltung städtischer Räume wider (Healey, 2024, S. 272; Tronto, 2019, S. 26). Planer*innen und Architekt*innen versuchen, Gebäude, Quartiere oder Städte für ihren jeweiligen Zweck – Nutzung bzw. Gebrauch und/oder Kapitalinteressen – optimal zu gestalten und zu bauen. Planung als Care zu verstehen, bedeutet, Räume im Verhältnis zu ihrem Umfeld bzw. zum Rest der Welt zu betrachten und auch die Bedürfnisse anderer Menschen und Lebewesen zu berücksichtigen. Dies wird umso wichtiger, je mehr die Folgeschäden einer kapitalistischen Lebensweise erkennbar werden: Care als Reparatur der Welt zu verstehen, führt zu anderen räumlichen Strukturen als der Schutz des Status Quo (Tronto, 2019, S. 30): „eine ‚sorgende' Stadt würde ihre politische Macht und Ressourcen mobilisieren, um besonders diejenigen zu unterstützen, deren Rechte und Interessen im herrschenden System nicht repräsentiert sind" (Jon, 2020, S. 334; eig. Übersetzung).

Beispiel: Caring Communities

Ein Beispiel für die Verankerung von Care als Ethik der Quartiersentwicklung sind sogenannte **Caring Communities**, die in Deutschland in ähnlicher Weise auch als Quartierspflege oder Pflegestützpunkte organisiert sind. Caring Communities setzen auf die gegenseitige Unterstützung von Bewohner*innen eines Quartiers oder einer Nachbarschaft mithilfe informeller Care-Netzwerke, z. T. mit finanziellen Aufwandsentschädigungen für die Beteiligten. Caring Communities können sowohl von Vereinen und zivilgesellschaftlichen Initiativen als auch von kommunaler Seite initiiert werden. Im Idealfall haben sie eine lokale Anlaufstelle, die Menschen mit Unterstützungsbedarf mit Nachbar*innen vernetzt, die sich engagieren möchten, und Veranstaltungen der intergenerationalen Begegnung organisiert.

Von Interesse ist der Ansatz insbesondere für Kommunen mit einer stark alternden Bevölkerung und teilweise unzureichender Infrastruktur, um die Lebensqualität im Alter zu sichern (Klie, 2022, S. 136). Denn gerade dort stellen sich Fragen rund um Pflege und Versorgung mit immer größerer Dringlichkeit. Unter dem Begriff des Community-Kapitalismus wird der Ansatz allerdings auch kritisch diskutiert. Denn anstatt Care-Arbeit in kollektive Verantwortung zu überführen, wird die Zuständigkeit an die Zivilgesellschaft bzw. an Ehrenamtliche übertragen. Dies bedeutet letztlich eine weitere Ausweitung unbezahlter Care-Arbeit (Laufenberg, 2018; van Dyk & Haubner, 2021). Die geschlechterspezifische Arbeitsteilung wird dadurch nicht in Frage gestellt. ◄

Was heißt es konkret für Planer*innen, das eigene Handeln als Care zu verstehen? Einige Autor*innen meinen damit Achtsamkeit für sich selbst, die bewusste Reflexion von Beziehungen zu Anderen und die Berücksichtigung und Wertschätzung von Differenz sowie Empowerment und Mitgefühl (Lyles & Swearingen White, 2019, S. 294). Es bedeutet auch, Emotionen als relevantes Wissen und Empathie als relevante Haltung stärker im Planungsalltag und in der Planungsausbildung zu verankern (Baum, 2015; Healey, 2024; Huning et al., 2025). Gebraucht wird eine „Kultur, die das Pflegen und Bewahren, das Erhalten und Entwickeln in den Vordergrund stellt“ (Zibell, 2022, S. 172–173). Ein solcher Kulturwandel stellt viele bisherige Überzeugungen und Gewohnheiten auf den Prüfstand. Er ist deshalb so schwierig, weil sich in Stadtplanung, Stadtentwicklung und Architektur gesellschaftliche Machtverhältnisse spiegeln, die aus einer Care-Perspektive zwar erschüttert, aber noch lange nicht überwunden werden (Krasny, 2019, S. 40). Wenn Planer*innen für sich in Anspruch nehmen, ‚fürsorglich‘ für andere zu planen, droht die Gefahr des Paternalismus, sodass Aushandlungs- und Beteiligungsprozesse auch hier zentral sind.

5.3 Von der Caring City zur Kin City?

Care lässt sich auch auf den Erhalt und die Reparatur der gemeinsamen Welt beziehen (Fitz & Krasny, 2019b; Tronto & Fisher, 1990). Dies ist umso dringlicher zu einem Zeitpunkt, an dem natürliche Ressourcen erschöpft, Arten bedroht und Klimaschutz und -anpassung überlebensnotwendig sind (Krasny, 2019, S. 40). Care umfasst dann nicht nur zwischenmenschliche Beziehungen, sondern auch das Verhältnis von Menschen zur Welt, zu anderen Lebewesen und den Elementen (Celermajer et al., 2024, S. 6–9). Die Planung und Gestaltung von Städten haben Einfluss auf das Überleben des Planeten sowie anderer Spezies. Es geht also um die Frage, wie Care für eine Welt aussehen kann, die zukünftige Generationen bewohnen werden (Davis, 2022, S. 165), und wie das Verhältnis zur Natur neu gedacht werden kann (Jon 2020).

Statt von Caring Cities sprechen manche Autor*innen in diesem Zusammenhang von einer „Kin City" (Taube & Woznicki, 2024). Dies bedeutet, Stadt als einen Ort unterschiedlicher Spezies zu betrachten, die miteinander verwandt (*kin*) und aufeinander bezogen sind und deren Überleben nicht gegen-, sondern nur miteinander gesichert werden kann. In der Planungstheorie hat sich für die Art und Weise, so über Planung nachzudenken, der – etwas unbeholfen übersetzte – Begriff „mehr als menschliche Planung" (*„more-than-human planning"*) durchgesetzt. Er meint die Anerkennung, Berücksichtigung und Stärkung artenübergreifender Abhängigkeiten und Verflechtungen durch die Stadtplanung und ein Plädoyer für eine artenübergreifende Gerechtigkeit (Celermajer et al., 2024; Houston et al., 2018).

Eine solche Betrachtungsweise stellt für Stadtplanung eine gänzlich neue Perspektive dar, die gar nicht so leicht in praktisches Handeln überführt werden kann. In der Stadtplanung gab es lange Zeit – mehr oder weniger bis heute – eine eher instrumentelle Sichtweise auf Natur und natürliche Ressourcen, die auf Zähmung und Kontrolle abzielt (Celermajer et al., 2024, S. 34–36; Rummel & Hemberger, 2025). Der planerische Umgang mit Natur, Tieren und Pflanzen spiegelt den funktionalen gesellschaftlichen Blick darauf wider. Planer*innen sprechen z. B. von „grünen und blauen Infrastrukturen", wenn es um Grünzüge und Wasserwege geht, und von „Erholungsräumen", wenn Zoologische Gärten oder Parks gemeint sind. Diese Kategorien sind von der Perspektive von Menschen aus gedacht, die Natur und natürliche Ressourcen anschauen, ernten, essen, nutzen und ausbeuten. Begrenzt wird dies durch Regeln und Nutzungsobergrenzen, die nicht auf die Unversehrtheit von Natur abzielen, sondern auf den Erhalt ihrer Funktionsfähigkeit für den menschlichen Gebrauch.

Es stellt sich also die Frage, wie Planungsdiskurse und -prozesse die artenübergreifenden Verflechtungen respektieren können, die für städtisches Leben existenziell sind (Houston et al., 2018, S. 197). Eine Grundlage hierfür ist die Vorstellung von verwandtschaftlichen Beziehungen („*kinship*") zwischen unterschiedlichen Lebewesen und Arten (Haraway, 2018). Heute sind die geologischen, biologischen und atmosphärischen Prozesse auf der Erde maßgeblich von Menschen geprägt, die glauben, diese Prozesse kontrollieren zu können. Doch die Ressourcen der Erde sind zunehmend erschöpft. Für die Wissenschaftstheoretikerin Donna Haraway ist deshalb die Besinnung auf und aktive Herstellung von verwandtschaftliche(n) Beziehungen zu anderen Lebewesen das Gebot der Stunde:

> „Ich denke, dass sich die Ausdehnung und Neukomposition des Begriffs Verwandtschaft dadurch rechtfertigt, dass alle Erdlinge im tiefsten Sinn verwandt sind. Und es ist höchste Zeit, besser für Arten-als-Gefüge Sorge zu tragen (nicht für Spezies, jede für sich)." (Haraway, 2018, S. 142)

Sich-verwandt-machen („*kin-making*") bedeutet also nicht biologische Abstammung und familiäre Verpflichtungen im traditionellen Sinn. Vielmehr handelt es sich um einen aktiven Prozess, in dem Menschen andere Lebewesen in ihrer gegenseitigen Aufeinander-Bezogenheit und Verflechtung anerkennen. Solches Nachdenken ist in anderen (v. a. indigenen) kulturellen Kontexten viel selbstverständlicher, aber auch im deutschsprachigen Raum nicht vollständig neu. Bereits zu Beginn des 20. Jahrhunderts kritisierten Vertreter*innen einer Bodenethik, dass Menschen nicht das Recht hätten, andere Lebewesen und den Boden als Ressourcen auszubeuten, sondern die Integrität, Stabilität und Schönheit der biotischen Gemeinschaft schützen müssten (Leopold, 2020, S. 172 f, zitiert bei Davy, 2023, S. 419).

Beispiel: Animal-aided Design: Ein erster Schritt?

Planerische Ansätze wie *Animal-aided* oder biodiversitätssensibles Design können als erste Versuche interpretiert werden, Bedürfnisse anderer Lebewesen in Architektur und Stadtplanung zu integrieren. *Animal-aided Design* erforscht Möglichkeiten der menschlichen Ko-Habitation mit Tieren (Weisser & Hauck, 2025). Wild lebende Tiere sollen schon im Planungsprozess als Akteure einbezogen werden, die urbane Räume mitgestalten. Welche Tiere dabei als schützenswert gelten und einbezogen werden und welche nicht, hängt stark von kulturellen Zuschreibungen ab (Sweet et al., 2024). In einem Neubau-Projekt in

München Neu-Perlach waren dies u. a. Igel, Fledermäuse und Spatzen (Weisser & Hauck, 2025). Insgesamt löst sich dieser Ansatz allerdings ebenfalls nicht von einem menschenzentrierten Blick auf Natur und Umwelt. ◄

Wie ein sorgendes „Verwandtschaftsverhältnis“ oder eine „Bodengemeinschaft“ jenseits paternalistischer Subjekt-Objekt-Machtbeziehungen aussehen könnte, wo wiederum Menschen Care-Bedürfnisse für andere Spezies definieren, ist allerdings vor allem in hochverstädterten Gesellschaften gar nicht leicht zu beantworten (Houston et al., 2018): Wie sind artenübergreifende Verflechtungen ethisch und politisch denkbar, z. B. in einem so konkreten Handlungsfeld wie der Flächennutzungsplanung? Wie können Planer*innen nicht-menschliche Akteure sinnvoll in Aushandlungen einbeziehen, ohne sie zu bloßen Objekten oder Symbolen stadtpolitischer Kämpfe zu machen? Planer*innen müssten sich zudem von der traditionellen Vorstellung verabschieden, dass nur Menschen politische Rechte haben, und sie müssten sich Gedanken machen über Beziehungen und Lebensformen unterschiedlicher Spezies (Houston et al., 2018, S. 198). Care bedeutet hier mehr als (Für-)Sorge für die gemeinsame Welt oder für andere Spezies. Stattdessen meint Care als Verbundenheit mit der Welt letztlich vor allem (Vor-)Sorge, um ein selbstbestimmtes Leben für alle Spezies und für zukünftige Generationen zu ermöglichen (Hofmeister et al., 2019, S. 135).

6 Fazit

Dieses Buch ist eine Einführung in die stadträumlichen Dimensionen von Care und die Debatten um das Leitbild der Caring City mit einem Fokus auf Stadtplanung. Es zeigt, dass es sich bei der Caring City zumindest potenziell um ein transformatives Leitbild handelt, das nicht nur die Rahmenbedingungen für Care-Arbeit in Städten und Quartieren verbessern, sondern ein grundsätzliches Umdenken über städtische Planung und Entwicklung anregen kann. Wir haben drei Beispiele für Caring Cities, deren Strategien und Bausteine vorgestellt und – mit Bezug zu aktuellen Debatten über Care und Stadt – Schlussfolgerungen gezogen, wie sich das Leitbild der Caring Cities in der Stadtplanung weiterdenken lässt. Dieses Weiterdenken bezieht sich auf die Planung und Gestaltung städtischer Räume, auf eine Care-Ethik als planerische Haltung sowie auf eine ‚mehr-als-menschliche' Planung, die auch andere Lebewesen und den Planeten selbst umfasst.

Die Fallbeispiele Barcelona, Bogotá und Madrid illustrieren, wie anspruchsvoll die Übersetzung einer Caring City als Leitbild in die kommunalpolitische Praxis ist: Zwar lassen sich die Bausteine auch in bisherigen stadtpolitischen und -räumlichen Strukturen umsetzen. Wenn aber Stadtpolitik aus der Care-Perspektive heraus gedacht werden soll, wirkt sich dies von den politischen Prioritäten über die Verteilung von Ressourcen bis hin zu Verwaltungsstrukturen aus und umfasst also weit mehr als eine reine Kosmetik im System. Sie hilft (zumindest potenziell), Care-Bedingungen zu transformieren, anders über räumliche Beziehungen nachzudenken und Silo-Denken zu überwinden.

Eine Politik der Caring Cities enthält also notwendigerweise ein utopisches Moment, das durch großen Leidensdruck oder ein politisches Gelegenheitsfenster in tatsächliches politisches Handeln überführt werden kann. Sie bedeutet nicht die

S. Huning, H. Müller, *Die Caring City*, essentials,
https://doi.org/10.1007/978-3-658-51492-1_6

Umsetzung eines vorgefertigten Konzepts, sondern bietet nachhaltig immer wieder einen Anlass, um neu auszuhandeln, wie Care organisiert werden kann und soll.

Dies gilt auch in der Stadtplanung. Planung ist politisch – Care-Beziehungen sind es auch. Bei ihrer Bewertung kommt es immer auf die Ausgestaltung an. Eine Planung, die sich als (vor-)sorgend versteht, gerät zumindest potenziell in die Nähe paternalistischer Planungsverständnisse der Vergangenheit, die aus gutem Grund heute als überholt gelten (Göschel, 2016). Planung als Care zu denken, darf nicht in Manipulation und Bevormundung enden (Healey, 2024, S. 273).

> „Es muss nichtsdestotrotz in Erinnerung bleiben, dass Care immer eine situierte Praxis ist; zu sorgen mag in der einen Situation eine Freude sein, sich aber in einem anderen Kontext schwer und erdrückend anfühlen. Auf Stadtplanung bezogen, ist es daher klug, das Thema Care in jeder Situation neu zu betrachten und sich für die Ein- und Ausschlüsse zu interessieren, die in spezifischen, ortsbezogenen Prozessen durch Care definiert werden." (Sandström, 2020, S. 175; eig. Übersetzung)

Zu den Forschungslücken gehört u. a. eine stärkere Verknüpfung mit queeren Perspektiven auf Care. Denn aktuelle Care-Arrangements sind eng mit heteronormativen Zuschreibungen verknüpft (Theobald et al., 2022, S. 26–27). Außerdem ist die explizite Ausarbeitung der Bezüge zwischen Care- und Klimapolitik ein spannendes Feld, das wichtige Impulse zu Debatten um Caring Cities geben könnte (MacGregor et al., 2022; Winker, 2021). Letztlich geht es darum zu erproben, wie die gesellschaftliche Organisation von Care ohne Ausbeutung – von Menschen, anderen Lebewesen, dem Planeten – auskommt (Cole, 1993, S. 110, zitiert bei Hendler, 1994, S. 118). Caring Cities können demnach einer von vielen Schritten einer geschlechtergerechten sozial-ökologischen Transformation sein.

Was Sie aus diesem *essential* mitnehmen können

- Unterschiedliche Care-Definitionen und ihre Folgen für planerisches Handeln
- Erkenntnisse über die Zusammenhänge zwischen städtischen Räumen und Care
- Beispiele für die Umsetzung und die Bausteine von Caring City Politik
- Ideen zur Weiterentwicklung von Caring Cities für Stadtplanung und Stadtentwicklung

S. Huning, H. Müller, *Die Caring City*, essentials,
https://doi.org/10.1007/978-3-658-51492-1

Literatur

Ajuntament de Barcelona. (2017). *Mesura de Govern per una Democratització de la Cura 2017–2020.* https://ajuntament.barcelona.cat/dones/sites/default/files/documentacio/mgdcures.pdf. Zugegriffen: 19. März 2026

Ajuntament de Barcelona. (2025). *Mesura de govern: Barcelona cap al dret a la cura (2025–2030): Per a una nova organització social i econòmica de les cures.* https://bcnroc.ajuntament.barcelona.cat/jspui/bitstream/11703/140451/4/Mesura%20Govern_Dret%20a%20la%20cura_%20010825-1.pdf. Zugegriffen: 19. März 2026.

Alcadía Mayor de Bogotá, D.C. (2023). Decreto 415 de 2023 Alcaldía Mayor de Bogotá.

Alcaldía Mayor de Bogotá, D. C. (2025). *Info cuidado.* https://www.sdmujer.gov.co/sites/default/files/doc-omeg/Consolidado_ReporteInfoCuidado_Septiembre_2025.pdf. Zugegriffen: 19. März 2026.

Altenried, M., Dück, J., & Wallis, M. (2021). Zum Zusammenhang digitaler Plattformen und der Krise der sozialen Reproduktion: Einleitung. In M. Altenried, J. Dück, & M. Wallis (Hrsg.), *Plattformkapitalismus und die Krise der sozialen Reproduktion* (S. 7–26). Westfälisches Dampfboot.

Apitzsch, U., & Schmidbaur, M. (Hrsg.). (2010). *Care und Migration: Die Ent-Sorgung menschlicher Reproduktionsarbeit entlang von Geschlechter- und Armutsgrenzen.* Barbara Budrich.

Aulenbacher, B., & Dammayr, M. (Hrsg.). (2014). *Arbeitsgesellschaft im Wandel. Für sich und andere sorgen: Krise und Zukunft von Care in der modernen Gesellschaft.* Beltz.

Autor*innenkollektiv Geographie und Geschlecht. (Hrsg.). (2021). *Handbuch Feministische Geographien: Arbeitsweisen und Konzepte.* Barbara Budrich.

Ayuntamiento de Madrid. (2017). *Plan Madrid Cuidad de los Cuidados 2016–2019: La común importa.* Depósito legal: M-29616-2017. https://ajuntament.barcelona.cat/usos-deltemps/sites/default/files/recurs/plan_madrid_cuida.pdf. Zugegriffen: 19. März 2026.

Bauer, U., & Frölich von Bodelschwingh, F. (2017). *30 Jahre Gender in der Stadt- und Regionalentwicklung: Erfahrungen und Perspektiven.* DIFU.

Bauhardt, C., & Becker, R. (Hrsg.). (1997). *Durch die Wand! Feministische Konzepte zur Raumentwicklung.* Centaurus.

S. Huning, H. Müller, *Die Caring City*, essentials,
https://doi.org/10.1007/978-3-658-51492-1

Baum, H. (2015). Planning with half a mind: Why planners resist emotion. *Planning Theory, 16*(4), 498–516.

BBR. (2007). *Frauen - Männer - Räume: Kurzfassung. Berichte: Bd. 26*. BBR. https://www.bbsr.bund.de/BBSR/DE/veroeffentlichungen/abgeschlossen/berichte/2006_2007/Bd26Kurzfassung.pdf?__blob=publicationFile&v=2. Zugegriffen: 19. März 2026.

Binet, A., Houston-Read, R., Gavin, V., Baty, C., Abreu, D., Genty, J., Tulloch, A., Reid, A., & Arcaya, M. (2023). The urban infrastructure of care. *Journal of the American Planning Association, 89*(3), 282–294. https://doi.org/10.1080/01944363.2022.2099955

Bock, G., & Duden, B. (1977). Arbeit aus Liebe – Liebe als Arbeit: Zur Entstehung der Hausarbeit im Kapitalismus. In Gruppe Berliner Dozentinnen (Hrsg.), *Frauen und Wissenschaft: Beiträge zur 1. Sommeruniversität für Frauen* (S. 118–199).

Bock, S., Heeg, S., & Rodenstein, M. (1997). Reproduktionsarbeitskrise und Stadtstruktur. Zur Entwicklung von Agglomerationsräumen aus feministischer Sicht. In C. Bauhardt & R. Becker (Hrsg.), *Durch die Wand! Feministische Konzepte zur Raumentwicklung* (S. 33–52). Centaurus.

Bundesministerium für Wohnen, Stadtentwicklung und Bauwesen (Hrsg.). (2025). *Gendergerechte Stadtentwicklungspolitik: Leitlinien für eine faire, inklusive und sorgende Stadt*. BMWStB.

Bündnis Gemeinsam gegen Sexismus. (o.J.). *Patriarchat*. https://gemeinsam-gegen-sexismus.de/glossar-posts/patriarchat. Zugegriffen: 19. März 2026.

Care Revolution Netzwerk. (o.J.). *Care Revolution Netzwerk: Her mit dem guten Leben! Für alle weltweit!* https://care-revolution.org/netzwerk/. Zugegriffen: 27. November 2025.

Celermajer, D., Burke, A., Fishel, S., Fitz-Henry, E., Rogers, N., Schlosberg, D., & Winter, C. (2024). *Institutionalising multispecies. Cambridge elements. Elements in earth system governance*. Cambridge University Press.

Chatzidakis, A., Hakim, J., Littler, J., Rottenberg, C., & Segal, L. (2020). *The care manifesto: The politics of interdependence*. Verso.

Davis, J. (2022). *The caring city: Ethics of urban design*. Bristol University Press.

Davoudi, S., & Ormerod, E. (2025). 'Care-full' planning: Towards an ethics and politics of care in planning. *Planning Theory, 11*, Artikel 14730952251331242. Vorab-Onlinepublikation. https://doi.org/10.1177/14730952251331242

Davy, B. (2023). „Tiere und die übrige Natur" – Rawls, Bodenethik und räumliche Gerechtigkeit. *BGL Berichte Geographie und Landeskunde, 96*(4), 407–429. https://doi.org/10.25162/bgl-2023-0020

Dellenbaugh-Losse, M. (2024). *Gendergerechte Stadtentwicklung: Wie wir eine Stadt für alle bauen*. Springer Fachmedien Wiesbaden; Imprint Springer Gabler. https://doi.org/10.1007/978-3-658-45290-2

Dlabaja, C. (2024). *Die Seestadt Aspern: Ein Stadtteil im Werden. Ethnographie des Alltags: Band 9*. Böhlau.

Dörhöfer, K., & Terlinden, U. (1998). *Verortungen. Geschlechterverhältnisse und Raumstrukturen*. Birkhäuser.

Dowling, E. (2021). *The care crisis: What caused it and how can we end it?* Verso.

Droste, C., & Huning, S. (2017). Frau Architektin und Frau Architekt: Gesellschaftliche Rahmenbedingungen für die Werdegänge von Architektinnen in BRD und DDR: Ms. Woman Architect and Ms. Architect. Social Frameworks for the Careers of Women Architects in West and East Germany. In M. Pepchinski, C. Budde, W. Voigt, & P. Cachola Schmal (Hrsg.), *Frau Architekt: Seit mehr als 100 Jahren: Frauen im Architektenberuf/Over 100 Years of Women as Professional Architects* (S. 59–67). Wasmuth.

van Dyk, S., & Haubner, T. (2021). *Community-Kapitalismus*. Hamburger Edition.

European Institute of Gender Equality. (2025a). *Gender Equality Index 2025: Germany*. https://eige.europa.eu/gender-equality-index/2025/DE. Zugegriffen: 19. März 2026.

European Institute of Gender Equality. (2025b). *Gender Equality Index 2025: Sharper data for a changing world*. https://eige.europa.eu/publications-resources/publications/gender-equality-index-2025-sharper-data-changing-world#eige-files. Zugegriffen: 19. März 2026.

Ezquerra, S., & Keller, C. (2022). *Für eine Demokratisierung der Sorgearbeit: Erfahrungen mit feministischen Care-Politiken auf kommunaler Ebene in Barcelona. ONLINE-Studie: 3/2022*. Rosa-Luxemburg-Stiftung. https://www.rosalux.de/fileadmin/user_upload/Barcelona_Onl-Studie_Sorgearbeit_FINAL_dt.pdf

Fainstein, S. S. (2005). Feminism and planning: Theoretical issues. In S. S. Fainstein & L. J. Servon (Hrsg.), *Gender and planning. A reader* (S. 120–138). Rutgers University Press.

Fernandes, M. (2025). *Addressing the gender care gap: Potential European Added Value: Briefing European Added Value in Action*. European Parliamentary Research Service. https://www.europarl.europa.eu/RegData/etudes/BRIE/2025/774666/EPRS_BRI(2025)774666_EN.pdf. Zugegriffen: 19. März 2026.

Fitz, A., & Krasny, E. (Hrsg.). (2019a). *Critical care: Architecture and urbanism for a broken planet*. The MIT Press/Architekturzentrum Wien.

Fitz, A., & Krasny, E. (2019b). Critical Care. Architecture and Urbanism for a Broken Planet. In A. Fitz & E. Krasny (Hrsg.), *Critical care: Architecture and urbanism for a broken planet* (S. 10–22). The MIT Press/Architekturzentrum Wien.

Flade, A. (2010). Wohnen, Mobilität und Geschlecht. In D. Reuschke (Hrsg.), *Wohnen und Gender. Theoretische, politische, soziale und räumliche Aspekte* (S. 283–299). VS Verlag für Sozialwissenschaften.

Flory, J. (2011). *Gender Pension Gap: Entwicklung eines Indikators für faire Einkommensperspektiven von Frauen und Männern*. Bundesministerium für Familie, Senioren, Frauen und Jugend. https://www.antidiskriminierungsstelle.de/SharedDocs/downloads/DE/Literatur/Literatur_Themenjahr_Geschlecht/Gender%20Pension%20Gap.html. Zugegriffen: 19. März 2026.

Frank, S. (2003). *Stadtplanung im Geschlechterkampf. Stadt und Geschlecht in der Großstadtentwicklung des 19. und 20. Jahrhunderts*. Leske + Budrich.

Frank, S. (2004). Feministische Stadtkritik – Theoretische Konzepte, empirische Grundlagen, praktische Forderungen. In H. Häußermann & W. Siebel (Hrsg.), *Stadtsoziologie. Eine Einführung* (S. 196–213). Campus.

Fraser, N. (2016). Contradictions of capital and care. *New Left Review, 100*, 99–117.

Fraser, N. (2017). Crisis of care? On the social- reproductive contradictions of contemporary capitalism. In T. Bhattacharya (Hrsg.), *Social reproduction theory: Remapping class, recentering oppression* (S. 21–36). Pluto Press.

Fried, B., & Wischnewski, A. (2022). Sorgende Städte: Vergesellschaftet die Care-Arbeit! *LuXemburg Gesellschaftsanalyse und linke Praxis, 1*, 52–61.

Fried, B., & Wischnewski, A. (2023). Feministisch Vergesellschaften: Kommunalpolitische Strategien für eine Sorgende Stadt. In communia & BUNDjugend (Hrsg.), *Öffentlicher Luxus* (64–89). Dietz Berlin.

Fried, B., & Wischnewski, A. (Hrsg.). (2024a). *Care-Arbeit vergesellschaften: Kommunalpolitische Werkzeugkiste für eine „Sorgende Stadt"* Rosa-Luxemburg-Stiftung. https://

www.rosalux.de/publikation/id/52058/care-arbeit-vergesellschaften. Zugegriffen: 19. März 2026.

Fried, B., & Wischnewski, A. (2024b). Inspirationen und Einstiegsprojekte aus Spanien. In B. Fried & A. Wischnewski (Hrsg.), *Care-Arbeit vergesellschaften: Kommunalpolitische Werkzeugkiste für eine „Sorgende Stadt"*. Rosa-Luxemburg-Stiftung.

Gabauer, A., Knierbein, S., Cohen, N., Lebuhn, H., Trogal, K., & Viderman, T. (2022). Care, uncare, and the city. In A. Gabauer, S. Knierbein, N. Cohen, H. Lebuhn, K. Trogal, T. Viderman, & T. Haas (Hrsg.), *Care and the city: Encounters with urban studies* (S. 3–14). Taylor & Francis. https://doi.org/10.4324/9781003031536-1

Gabauer, A., Knierbein, S., Cohen, N., Lebuhn, H., Trogal, K., Viderman, T., Haas, T., & (Hrsg.). (2022b). *Care and the city: Encounters with urban studies*. Taylor & Francis.

Gildemeister, R. (2001). Soziale Konstruktion von Geschlecht: Fallen, Missverständnisse und Erträge einer Debatte. In C. Rademacher & P. Wiechens (Hrsg.), *Geschlecht - Ethnizität - Klasse: Zur sozialen Konstruktion von Hierarchie und Differenz* (S. 65–87). VS Verlag für Sozialwissenschaften. https://doi.org/10.1007/978-3-322-99901-6_4

Göschel, A. (2016). Soziale Vernunft und soziale Form: Wandel des Sozialen in Architektur und Wohnungsbau. *Forum Stadt* (1/2016), 49–64.

Greed, C. (2003). *Inclusive urban design: Public toilets*. Taylor and Francis.

Gutmann, R., & Neff, S. (2006). *Gender Mainstreaming im Stadtentwicklungsgebiet Flugfeld Aspern: Begleitende Expertise zum Masterplan. Entwurfsbegleitung und -bewertung sowie Formulierung von Qualitätsbausteinen der Umsetzung*. wohnbund:consult.

Haraway, D. (2018). *Unruhig bleiben: Die Verwandtschaft der Arten im Chthuluzän*. Campus.

Hayden, D. (1981). *The grand domestic revolution: A history of feminist designs for American homes, neighborhoods, and cities*. MIT Press.

Healey, P. (2024). *Planning and caring: A reflection. Planning Theory; 11, 23*(3), 266–277. https://doi.org/10.1177/14730952231226411

Hendler, S. (1994). Feminist planning ethics. *Journal of Planning Literature, 9*(2), 115–127. https://doi.org/10.1177/088541229400900201

Hofmeister, S., Mölders, T., Deininger, M. & Kapitza, K. (2019). Für welche ‚Natur/en' sorgen wir? Kritisch feministische Perspektiven auf aktuelle Care-Debatten im sozial-ökologischen Kontext. GENDER – Zeitschrift für Geschlecht, Kultur und Gesellschaft, 11(1-2019), 125–139. https://doi.org/10.3224/gender.v11i1.09

Houston, D., Hillier, J., MacCallum, D., Steele, W., & Byrne, J. (2018). Make kin, not cities! Multispecies entanglements and 'becoming-world' in planning theory. *Planning Theory; 11, 17*(2), 190–212. https://doi.org/10.1177/1473095216688042

Huning, S. (2024). Stadtplanung. In B. Belina, M. Naumann, & A. Strüver (Hrsg.), *Handbuch Kritische Stadtgeographie* (S. 226–231). Westfälisches Dampfboot.

Huning, S., Baars, S., & Seydel, H. (2025). Zwischen distanzierten Expert:innen und involvierten Konfliktakteuren. *Konfliktdynamik, 14*(2), 84–92. https://doi.org/10.5771/2193-0147-2025-2-84

Huning, S.; Müller, H. (2025). Caring Cities - Potenziale für eine nachhaltige und soziale Stadtentwicklung? IfEU.OPEN. Institut für Europäische Urbanistik, open access. https://doi.org/10.25643/dbt.68371.

Irschik, E., & Kail, E. (2013). Vienna: Progress towards a fair shared city. In I. Sánchez de Madariaga & M. Roberts (Hrsg.), *Fair shared cities: The impact of gender planning in Europe* (S. 193–230). Ashgate.

Jon, I. (2020). A manifesto for planning after the coronavirus: Towards planning of care. *Planning Theory; 11, 19*(3), 329–345. https://doi.org/10.1177/1473095220931272

Kenkmann, T., Kreye, K., Schumacher, K., & Unger, N. (2025). *Geschlechtergerechte Gestaltung von Energiewende und Klimaschutz im Bereich Wohnen und Mobilität: Expertise für den Vierten Gleichstellungsbericht der Bundesregierung*. Bundesstiftung Gleichstellung.

Klie, T. (2022). Caring Communities. Pflege und zivilgesellschaftliches Engagement. Bürger & Staat 72 (3), S. 135–143.

Knobloch, U., Theobald, H., Dengler, C., Kleinert, A.-C., Gnadt, C., & Lehner, H. (Hrsg.). (2022). *Arbeitsgesellschaft im Wandel. Caring Societies – Sorgende Gesellschaften: Neue Abhängigkeiten oder mehr Gerechtigkeit?* Beltz Juventa.

Krasny, E. (2019). Architecture and Care. In A. Fitz & E. Krasny (Hrsg.), *Critical care: Architecture and urbanism for a broken planet* (S. 33–41). The MIT Press/Architekturzentrum Wien.

LaFond, M., & Tsvetkova, L. (Hrsg.). (2017). *CoHousing inclusive: Selbstorganisiertes, gemeinschaftliches Wohnen für alle: self-organized, community-led housing for all*. Jovis.

Laufenberg, M. (2018). Sorgende Gemeinschaften? „Demenzfreundliche" Kommunen zwischen sozialstaatlichem Sparmodell und Emanzipationsgewinn. *sub\urban. zeitschrift für kritische stadtforschung, 6*(1), 77–96.

Lyles, W., & Swearingen White, S. (2019). Who cares? *Journal of the American Planning Association, 85*(3), 287–300. https://doi.org/10.1080/01944363.2019.1612268

MacGregor, S., Arora-Jonsson, S., & Cohen, M. (2022). *Caring in a changing climate: Centering care work in climate action* (Oxfam Research Backgrounder series). Oxfam.

Madden, D. (2025). Social reproduction and the housing question. *Antipode, 57*(2), 578–598. https://doi.org/10.1111/anti.13132

Marquardt, N. (2018). Digital assistierter Wohnalltag im smart home. Zwischen Care, Kontrolle und vernetzter Selbstermächtigung. In S. Bauriedl & A. Strüver (Hrsg.), *Urban studies. Smart City – kritische Perspektiven auf die Digitalisierung in Städten* (S. 285–297). transcript.

Martín, N. S. (2023). *Madrid als sorgende Stadt: Wie die feministische Ökonomie kommunale Care-Politiken anleiten kann. ONLINE-Studie: 3/2023*. Rosa-Luxemburg-Stiftung. https://www.rosalux.de/fileadmin/rls_uploads/pdfs/Artikel/Madrid_als_Sorgende_Stadt.pdf. Zugriff: 25. Juli 2025.

Oviedo Meza, N. (2023). *How is our city reorganizing itself for women? Bogota Ted Talk IWD, 30 FINAL*. Change City Hub and Network for Gender Equity. https://www.youtube.com/watch?v=a-FAAkYwNcg. Zugriff: 19. März 2026.

Peukert, A., & Vogelpohl, A. (2025). Care at the centre: Conceptualising the care and housing crises from an urban perspective. *Berliner Journal für Soziologie*. Vorab-Onlinepublikation. https://doi.org/10.1007/s11609-025-00574-3

Pfahl, S., Unrau, E., Wittmann, M., & Lott, Y. (2023). *Stand der Gleichstellung von Frauen und Männern auf den Arbeitsmärkten in West- und Ostdeutschland. WSI-Report: Bd. 88*. WSI.

Power, E. R. (2019). Assembling the capacity to care: Caring-with precarious housing. *Transactions of the Institute of British Geographers, 44*(4), 763–777. https://doi.org/10.2307/45238591

Power, E. R., & Mee, K. J. (2020). Housing: An infrastructure of care. *Housing Studies, 35*(3), 484–505.

Protschky, A. (2024). Covid-19 als Zugangskrise. In F. Sowa, M. Heinrich, & F. Heinzelmann (Hrsg.), *Gesellschaft der Unterschiede: Band 70. Obdach- und Wohnungslosigkeit in pandemischen Zeiten: Interdisziplinäre Perspektiven* (Bd. 70, S. 193–210). transcript. https://doi.org/10.14361/9783839460603-012

Reinwald, F., Roberts, M., & Kail, E. (2019). Gender sensitivity in urban development concepts: The example of two case studies from London and Vienna. In B. Zibell, D. Damyanovic, & U. Sturm (Hrsg.), *Gendered approaches to spatial development in Europe* (S. 99–123). Routledge.

Rink, D., & Haase, A. (Hrsg.). (2018). *UTB: Nr. 4955. Handbuch Stadtkonzepte: Analysen, Diagnosen, Kritiken und Visionen*. UTB.

Roller, K., Rudolph, C., Eck, S., Schneider, K., & Vischer, N. (Hrsg.). (2024). *Wohnen, Care, Geschlecht*. Verlag Westfälisches Dampfboot. https://doi.org/10.56715/398634175

Rummel, D., & Hemberger, H. (Hrsg.). (2025). *Let's talk wild! 12 perspectives on the power and paradox of wildness in expanding urban design*. M BOOKS.

Sánchez de Madariaga, I. (2013). Mobility of care: Introducing new concepts in urban transport. In I. Sánchez de Madariaga & M. Roberts (Hrsg.), *Fair shared cities: The impact of gender planning in Europe* (S. 33–48). Ashgate.

Sandström, I. (2020). Learning to care, learning to be affected: Two public spaces designed to counter segregation. *Urban Planning, 5*(4), 171–182. https://doi.org/10.17645/up.v5i4.3296

Soukhov, A., Ravensbergen, L., Dorantes, L. M. & Páez, A. (2025). Towards completely caring 15-minute neighbourhoods. Transportation Research Part A: Policy and Practice, 198, 1–20. https://doi.org/10.1016/j.tra.2025.104503

Schutzbach, F. (2021). Die Erschöpfung der Frauen. Wider die weibliche Verfügbarkeit. Droemer Verlag.

Srnicek, N., & Hester, H. (2021). Zuhause im Plattformkapitalismus. In M. Altenried, J. Dück, & M. Wallis (Hrsg.), *Plattformkapitalismus und die Krise der sozialen Reproduktion* (S. 94–111). Westfälisches Dampfboot.

Statistisches Bundesamt. (2025). *Gender care gap*. Destatis. https://www.destatis.de/DE/Themen/Querschnitt/Gleichstellungsindikatoren/gender-care-gap-f33.html. Zugriff: 19. März 2026.

Statistisches Bundesamt. (2026). *Gender pension gap*. Destatis. https://www.destatis.de/DE/Themen/Querschnitt/Gleichstellungsindikatoren/gender-pension-gap-f33.html. Zugriff: 19. März 2026.

Strüver, A. (2021). The end of care-less capitalism (as we knew it)? *sub\urban. zeitschrift für kritische stadtforschung, 9*(1/2), 165–170. https://doi.org/10.36900/suburban.v9i1/2.674

Sweet, F. S. T., Mimet, A., Shumon, M. N. U., Schirra, L. P., Schäffler, J., Haubitz, S. C., Noack, P., Hauck, T. E., & Weisser, W. W. (2024). There is a place for every animal, but not in my back yard: Aa survey on attitudes towards urban animals and where people want them to live. *Journal of Urban Ecology, 10*(1). https://doi.org/10.1093/jue/juae006

Tanyildiz, G. S [Gökböru Sarp], Peake, L., Koleth, E., Reddy, R. N., Patrick, D., & Ruddick, S. (2021). Rethinking Social Reproduction and the Urban. In L. Peake, E. Koleth, G. S. Tanyildiz, R. N. Reddy, & D. Patrick (Hrsg.), *A feminist urban theory for our time: Rethinking social reproduction and the urban* (S. 1–41). Wiley.

Taube, M., & Woznicki, K. (Hrsg.). (2024). *). kin city. Urbane Ökologien, Infrastrukturen des Lebens und internationalistische Kämpfe*. Zabriskie.

Terlinden, U., & von Oertzen, S. (2006). *Die Wohnungsfrage ist Frauensache*. Reimer.

Testoni, E., & Zubcov, C. (2025). *Sorgezentren in Lateinamerika: Drei Städte übernehmen Verantwortung für* Sorgearbeit. Rosa-Luxemburg-Stiftung. https://www.rosalux.de/publikation/id/53816/sorgezentren-in-lateinamerika. Zugriff: 19. März 2026.

Theobald, H., Knobloch, U., Dengler, C., & Kleinert, A.-C. (2022). Einleitung: Perspektiven auf Caring Societies. In U. Knobloch, H. Theobald, C. Dengler, A.-C. Kleinert, C. Gnadt, & H. Lehner (Hrsg.), *Arbeitsgesellschaft im Wandel. Caring Societies – Sorgende Gesellschaften: Neue Abhängigkeiten oder mehr Gerechtigkeit?* (S. 9–35). Beltz Juventa.

Tost, H. C. (2023). *Spielplätze und Care-Arbeit: Unveröffentlichte Bachelor-Thesis*. Bauhaus-Universität Weimar.

Tronto, J. (2017). There is an alternative: Homines curans and the limits of neoliberalism. *International Journal of Care and Caring, 1*(1), 27–43. https://doi.org/10.1332/239788217X14866281687583

Tronto, J. (2019). Caring Architecture. In A. Fitz & E. Krasny (Hrsg.), *Critical care: Architecture and urbanism for a broken planet* (S. 26–41). The MIT Press/Architekturzentrum Wien. https://doi.org/10.7551/mitpress/12273.003.0004

Tronto, J., & Fisher, B. (1990). Towards a Feminist Theory of Caring. In E. K. Abel & M. K. Nelson (Hrsg.), *SUNY series on women and work. Circles of care: Work and identity in women's lives* (S. 35–65). State University of New York Press.

Urbanista.ch. (2024). Alles super? Wie Superblocks unsere Städte zu besseren Orten machen.oekom verlag. https://doi.org/10.14512/9783987263767

Vollmer, L. (2017). Keine Angst vor Alternativen. Ein neuer Munizipalismus: Über den Kongress „FearlessCities", Barcelona 10./11. Juni 2017. *sub\urban. zeitschrift für kritische stadtforschung, 5*(3), 147–156. https://doi.org/10.36900/suburban.v5i3.305

Weisser, W. W., & Hauck, T. E. (2025). Animal-Aided Design – Planning for biodiversity in the built environment by embedding a species' life-cycle into landscape architectural and urban design processes. *Landscape Research, 50*(1), 146–167. https://doi.org/10.1080/01426397.2024.2383482

Winker, G. (2015). *Care Revolution: Schritte in eine solidarische Gesellschaft. X-Texte zu Kultur und Gesellschaft*. transcript.

Winker, G. (2021). *Solidarische Care-Ökonomie. Revolutionäre Realpolitik für Care und Klima*. transcript.

Zibell, B. (2022). *Care-Arbeit räumlich denken: Feministische Perspektiven auf Planung und Entwicklung. genderwissen: Bd. 16*. eFeF.

Zupan, D. (2018). *Leitbildwechsel: Dynamiken und Charakteristika städtebaulicher Innovationsprozesse. Stadt + Landschaft: Bd. 10*. Dorothea Rohn.

MIX
Papier aus verantwortungsvollen Quellen
Paper from responsible sources
FSC® C105338

If you have any concerns about our products, you can contact us on
ProductSafety@springernature.com

In case Publisher is established outside the EU, the EU authorized representative is:
Springer Nature Customer Service Center GmbH
Europaplatz 3, 69115 Heidelberg, Germany

Printed by Libri Plureos GmbH
in Hamburg, Germany